高职高专计算机"十三五"规划教材

网络基础与网络管理
项目化教程

黄华林　涂传唐　李先柏　**主　编**

张　莉　方志广　董　曼　**副主编**

巫志勇　冯艳青　林　波　邓连瑾　**参　编**

中国铁道出版社有限公司

CHINA RAILWAY PUBLISHING HOUSE CO., LTD.

内 容 简 介

本书切合我国高等职业教育的实际,在满足一定理论需求的前提下,突出实践应用能力的培养。全书以网络工程项目实践为主线,每个项目都有相应的项目分析及解决方案和相关知识作为铺垫,项目的实施过程详尽,并含有项目的测试过程,且配有强化能力的实训项目及相应的习题帮助读者巩固相关知识。

本书主要内容包括构建小型网络、构建中型企业网络、互联网接入与网络安全、网络服务构建4篇。构建小型网络篇包括对等网络的组建、办公网络的组建、无线局域网的组建、常用的网络命令等项目;构建中型企业网络篇包括组建较大规模的局域网、虚拟局域网、网络互通等项目;互联网接入与网络安全篇包括 ADSL 接入互联网、网络基本安全保障、专线接入互联网等项目;网络服务构建篇包括 Windows Server 2008 网络服务构建,含有 DNS、DHCP、Web、FTP 等网络服务的构建。

本书适合作为高等职业院校电子信息类专业及其他专业相关课程的教材,也可作为在职人员的培训用书、工程技术人员和自学者的参考用书。

图书在版编目(CIP)数据

网络基础与网络管理项目化教程/黄华林,涂传唐,
李先柏主编. —北京:中国铁道出版社,2016.8(2022.12重印)
高职高专计算机"十三五"规划教材
ISBN 978 - 7 - 113 - 21868 - 3

Ⅰ. ①网… Ⅱ. ①黄… ②涂… ③李… Ⅲ. ①计算机
网络 – 高等职业教育 – 教材②计算机网络管理 – 高等职业
教育 – 教材 Ⅳ. ①TP393

中国版本图书馆 CIP 数据核字(2016)第 177731 号

书　　名:网络基础与网络管理项目化教程
作　　者:黄华林　涂传唐　李先柏

策　　划:韩从付　刘丽丽　　　　　　　　　　编辑部电话:(010)51873202
责任编辑:周　欣　冯彩茹
编辑助理:祝和谊
封面设计:付　巍
封面制作:白　雪
责任校对:王　杰
责任印制:樊启鹏

出版发行:中国铁道出版社有限公司(100054,北京市西城区右安门西街 8 号)
网　　址:http://www.tdpress.com/51eds/
印　　刷:北京富资园科技发展有限公司
版　　次:2016 年 8 月第 1 版　　　　2022 年 12 月第 4 次印刷
开　　本:787 mm×1 092 mm　1/16　印张:16　字数:370 千
书　　号:ISBN 978 - 7 - 113 - 21868 - 3
定　　价:39.80 元

前 言

计算机网络是计算机技术与通信技术相互渗透、密切结合而形成的一门交叉学科。在信息高速流转的现代社会，计算机网络逐渐成为人们生活和工作中不可或缺的一部分，在生活、娱乐、学习、工作中，计算机网络无处不在。而随着社会信息化的快速发展，各企事业单位为了自身工作的效率和效益，基本都要建设自己的网络来实现网络化和信息化。当前，电子商务、电子政务、线上教育、网络视频等急剧膨胀，国家也全面推动网络提速降费，新一轮的信息高速公路建设热火朝天，急需大量掌握计算机网络基础知识和应用技术的专门人才。

本书是编者长期在高等职业院校计算机网络专业教学实践中的成果积累和长期参与相关企业网络工程项目实践的经验结晶。全书以网络工程项目实践为主线，每个项目都有相应的项目分析及解决方案和相关知识作为铺垫，项目的实施过程详尽，并含有项目的测试过程，且配有强化能力的实训及相应的习题帮助读者巩固相关知识。

本书主要内容包括构建小型网络、构建中型企业网络、互联网接入与网络安全、网络服务构建 4 篇。构建小型网络篇包括对等网络的组建、办公网络的组建、无线局域网的组建、常用的网络命令等项目；构建中型企业网络篇包括组建较大规模的局域网、虚拟局域网、网络互通等项目；互联网接入与网络安全篇包括 ADSL 接入互联网、网络基本安全保障、专线接入互联网等项目；网络服务构建篇包括 Windows Server 2008 网络服务构建，含有 DNS、DHCP、Web、FTP 等网络服务的构建。本书涉及路由器、交换机等设备的项目，主要采用思科公司设备来完成，对于没有相应硬件的读者，也可采用思科公司的免费模拟器 Cisco Packet Tracer 来完成。为了便于教师教学和学生学习，本书提供电子教案等资料下载，下载网站为 http：//www. 51eds. com。

本书由黄华林、涂传唐、李先柏任主编，张莉、方志广、董曼任副主编，巫志勇、冯艳青、林波、邓连瑾参与编写。由于编者水平有限，加之时间仓促，书中难免存在疏漏和不足之处，恳请广大读者批评指正。

编 者
2016 年 5 月

目 录

第1篇　构建小型网路

第2篇　构建中型企业网络

第1篇
构建小型网络

项目 ① 组建对等网络

1.1 应用场景

李先生是一家初创公司负责人，目前公司只有两台计算机、一台打印机。公司两个工作人员经常需要交换资料文档、合并文档、汇总数据，不时借助 U 盘来回在两台计算机之间复制文件。特别是没有安装打印机的计算机需要打印急件时，必须通过 U 盘复制文件到另一计算机中进行打印。为工作便利，现在必须把两台计算机组成网络，相互共享资源(包括打印机资源)，提高工作效率。

1.2 解决方案

两台计算机只需要一根网线连接起来，即可组成最简单的网络。双机互连，使用交叉双绞线，网线两端分别连接两台计算机的网卡，两台计算机的 IP 地址、子网掩码设置正确之后，两者之间即可相互访问，共享网络软硬件资源，包括共享文件夹、共享打印机等。

1.3 相关知识

1.3.1 计算机网络的概念和组成

计算机网络是指将地理位置不同的具有独立功能的多台计算机及其外围设备，通过通信线路连接起来，在网络操作系统，网络管理软件及网络通信协议的管理和协调下，实现资源共享和信息传递的计算机系统。

简单地说，计算机网络就是通过电缆、电话线或无线通信将两台以上的计算机互连起来的集合。

计算机网络通俗地讲就是由多台计算机(或其他计算机网络设备)通过传输介质和软件物理(或逻辑)连接在一起组成的。总的来说，计算机网络的组成基本上包括：计算机、网络操作系统、传输介质(可以是有形的，也可以是无形的，如无线网络的传输介质就是看不见的电磁波)以及相应的应用软件四部分。

1. 计算机网络的主要功能

计算机网络的主要功能是实现计算机之间的资源共享、网络通信和对计算机的集中管理。除此之外还有负荷均衡、分布处理和提高系统安全与可靠性等功能。

（1）资源共享

① 硬件资源：包括各种类型的计算机、大容量存储设备、计算机外围设备，如彩色打印机、静电绘图仪等。

② 软件资源：包括各种应用软件、工具软件、系统开发所用的支撑软件、语言处理程序、数据库管理系统等。

③ 数据资源：包括数据库文件、数据库、办公文档资料、企业生产报表等。

④ 信道资源：通信信道可以理解为电信号的传输介质。通信信道的共享是计算机网络中最重要的共享资源之一。

（2）网络通信

通信通道可以传输各种类型的信息，包括数据信息和图形、图像、声音、视频流等各种多媒体信息。

（3）分布处理

把要处理的任务分散到各个计算机上运行，而不是集中在一台大型计算机上。这样，不仅可以降低软件设计的复杂性，而且可以提高工作效率和降低成本。

（4）集中管理

计算机在没有联网的条件下，每台计算机都是一个"信息孤岛"。在管理这些计算机时，必须分别管理。而计算机联网后，可以在某个中心位置实现对整个网络的管理。如数据库情报检索系统、交通运输部门的订票系统、军事指挥系统等。

（5）均衡负荷

当网络中某台计算机的任务负荷太重时，通过网络和应用程序的控制和管理，将作业分散到网络中的其他计算机中，由多台计算机共同完成。

2. 计算机网络的结构组成

一个完整的计算机网络系统是由网络硬件和网络软件组成的。网络硬件是计算机网络系统的物理实现，网络软件是网络系统中的技术支持。两者相互作用，共同完成网络功能。

网络硬件：一般指网络的计算机、传输介质和网络连接设备等。

网络软件：一般指网络操作系统、网络通信协议等。

1）网络硬件的组成

计算机网络硬件系统是由计算机（主机、客户机、终端）、通信处理机（集线器、交换机、路由器）、通信线路（同轴电缆、双绞线、光纤）、信息变换设备（Modem，编码解码器）等构成。

（1）主计算机

在一般的局域网中，主计算机通常被称为服务器，是为客户提供各种服务的计算机，因此对其有一定的技术指标要求，特别是主、辅存储容量及其处理速度要求较高。根据服务器在网络中所提供的服务不同，可将其划分为文件服务器、打印服务器、通信服务器、域名服务器、数据库服务器等。

（2）网络工作站

除服务器外，网络上的其余计算机主要是通过执行应用程序来完成工作任务的，我们把这种计算机称为网络工作站或网络客户机，它是网络数据主要的发生场所和使用场所，用户主要是通过使用工作站来利用网络资源。

（3）网络终端

网络终端是用户访问网络的界面，它可以通过主机联入网内，也可以通过通信控制处理机联入网内。

（4）通信处理机

通信处理机一方面作为资源子网的主机、终端连接的接口，将主机和终端连入网内；另一方面它又作为通信子网中分组存储转发结点，完成分组的接收、校验、存储和转发等功能。

（5）通信线路

通信线路（链路）是为通信处理机与通信处理机、通信处理机与主机之间提供通信信道。

（6）信息变换设备

信息变换设备对信号进行变换，包括：调制解调器、无线通信接收和发送器、用于光纤通信的编码解码器等。

2）网络软件的组成

在计算机网络系统中，除了各种网络硬件设备外，还必须具有网络软件。

（1）网络操作系统

网络操作系统是网络软件中最主要的软件，用于实现不同主机之间的用户通信，以及全网硬件和软件资源的共享，并向用户提供统一的、方便的网络接口，便于用户使用网络。网络操作系统有 UNIX、Linux 和 Windows 等。

（2）网络协议

网络协议是网络通信的数据传输规范，网络协议软件是用于实现网络协议功能的软件。

目前，典型的网络协议软件有 TCP/IP 协议、IPX/SPX 协议、IEEE802 标准协议系列等。其中，TCP/IP 是当前异种网络互连应用最为广泛的网络协议。

（3）网络管理软件

网络管理软件是用来对网络资源进行管理以及对网络进行维护的软件，如性能管理、配置管理、故障管理、记费管理、安全管理、网络运行状态监视与统计等。

（4）网络通信软件

网络通信软件是用于实现网络中各种设备之间进行通信的软件，使用户能够在不必详细了解通信控制规程的情况下，控制应用程序与多个站进行通信，并对大量的通信数据进行加工和管理。

（5）网络应用软件

网络应用软件是为网络用户提供服务，最重要的特征是它研究的重点不是网络中各个独立的计算机本身的功能，而是如何实现网络特有的功能。

1.3.2 计算机网络的类型

由于计算机网络自身的特点，其分类方法有多种。根据不同的分类原则，可以得到不同类型的计算机网络。

1. 按覆盖范围分类

（1）局域网

局域网（Local Area Network，LAN）是在一个局部的地理范围内（如一个学校、工厂和机关内），一般是方圆几千米以内，将各种计算机、外围设备和数据库等互相连接起来组成的计算机通信网，如图 1-1 所示。它可以通过数据通信网或专用数据电路，与远方的局域网、数据库或处理中心相连接，构成一个较大范围的信息处理系统。局域网可以实现文件管理、应用软件共享、打印机共享、扫描仪共享、工作组内的日程安排、电子邮件和传真通信服务等功能。局域网严格意义上是封闭型的。它可以由办公室内几台甚至成千上万台计算机组成。决定局域网的主要技术要素为网络拓扑、传输介质与介质访问控制方法。

图 1-1   局域网

局域网硬件一般由服务器、用户工作站、传输介质、网络设备四部分组成。其中常用的传输介质有双绞线、同轴电缆、光纤等，常用的网络设备有网卡、中继器、集线器、交换机、三层交换机、防火墙、路由器等。

局域网一般为一个部门或单位所有，建网、维护以及扩展等较容易，系统灵活性高。其主要特点是：

① 覆盖的地理范围较小，只在一个相对独立的局部范围内联网，如一座或集中的建筑群内。

② 使用专门铺设的传输介质进行联网，数据传输速率高（10 Mbit/s ~ 10 Gbit/s）。

③ 通信延迟时间短，可靠性较高。

④ 局域网可以支持多种传输介质。

（2）城域网

城域网（Metropolitan Area Network，MAN）是一种大型的 LAN，它的覆盖范围介于局域网和广域网之间，一般为几千米至几万米，城域网的覆盖范围在一个城市内，它将位于一个城市之内不同地点的多个计算机局域网连接起来实现资源共享。城域网所使用的通信设备和网络设备的功能要求比局域网高，以便有效地覆盖整个城市的地理范围。一般在一个大型城市中，城域网可以将多个学校、企事业单位、公司和医院的局域网连接起来共享资源。图 1-2 所示是不同建筑物内的局域网组成的城域网。

（3）广域网

广域网（Wide Area Network，WAN）是在一个广阔的地理区域内进行数据、语音、图像信息传输的计算机网络。由于远距离数据传输的带宽有限，因此广域网的数据传输速率比局域网要慢得多。广域网可以覆盖一个城市、一个国家甚至于全球。因特网（Internet）是广域网的一种，但它不是一种具体独立性的网络，它将同类或不同类的物理网络（局域网、广域网与城域网）互连，并通过高层协议实现不同类网络间的通信。图 1-3 所示是一个简单的广域网。

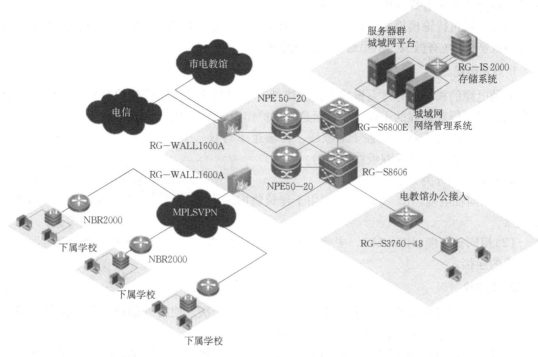

图1-2 某市教育城域网

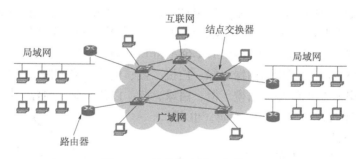

图1-3 简单的广域网拓扑图

2. 按网络使用者分类

（1）公用网

公用网是指电信部门出资建造的大型网络。公用就是所有愿意按电信公司的规定缴纳费用的人都可以使用这种网络，如 CHINANET、CERNET 等。

（2）专用网

专用网是某个部门，某个行业为各自的特殊业务工作需要而建造的网络。这种网络不对外人提供服务，如政府、军队、银行、铁路、电路、电力、公安等部门的网络。

1.3.3 传输介质

传输介质就是通信中实际传送信息的载体，在网络中是连接收发双方的物理通路；常用的传输介质分为有线介质和无线介质。

有线介质可传输模拟信号和数字信号(有双绞线、细/粗同轴电缆、光纤),无线介质大多传输数字信号(有微波、卫星通信、无线电波、红外、激光等)。

1. 同轴电缆

同轴电缆的核心部分是一根导线,导线外有一层起绝缘作用的塑性材料,再包上一层金属网,用于屏蔽外界的干扰,最外面是起保护作用的塑性外套,如图1-4所示。

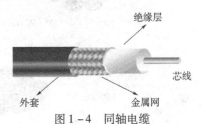

同轴电缆的抗干扰特性强于双绞线,传输速率与双绞线类似,但它的价格是双绞线的两倍。

同轴电缆的分类如下:

(1)细同轴电缆(RG-58),主要用于建筑物内网络的连接。

(2)粗同轴电缆(RG-11),主要用于主干或建筑物间网络的连接。

图1-4　同轴电缆

2. 双绞线

双绞线是两条相互绝缘的导线按一定距离绞合若干次,使得外部的电磁干扰降到最低限度,以保护信息和数据,如图1-5(a)所示。

双绞线的广泛应用比同轴电缆要晚得多,但由于它提供了更高的性能价格比,而且组网方便,成为现在应用最广泛的铜基传输媒体。缺点是传输距离受限。

双绞线的连接:在制作网络时,要用的RJ-45接头,俗称"水晶头"的接头,如图1-5(b)所示。在将网络插入水晶头前,要对每条线排序。根据EIA/TIA接线标准,RJ-45接口的制作有两种排序标准,即EIA/TIA568A和EIA/TIA568B。

EIA/TIA568A标准的线序为白绿、绿、白橙、蓝、白蓝、橙、棕、白棕。

EIA/TIA568B白棕的线序为白橙、橙、白绿、蓝、白蓝、绿、白棕、棕。

另外,根据双绞线两端线序的不同,也有两种不同的连接方法。

直线连接法:是将电缆的一端按一定顺序排序后接入RJ-45接头,线缆的另一端也用相同的顺序排序后接入RJ-45接头。直接连接法制作的网线称为直通线,通常用于不同类型的设备的互相连接。

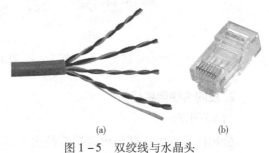

(a)　　　　　　　　(b)

图1-5　双绞线与水晶头

交叉连接法:是线缆的一端用一种线序排列,如T568B标准线序,而另一端用不同的线序,如T568A标准线序。交叉连接法制作的网线称为交叉线,通常用于连接同种设备。

网线的8根线芯,其线序如图1-6所示。水晶头的8个引脚,100 MB网线事实上只用了其中4根。100BASE-T4 RJ-45对双绞线的规定是:1、2用于发送,3、6用于接收,4、5和7、8是双向线,未使用;其对引脚的规定如表1-1所示。

图 1-6 网线线序

表 1-1 100BASE-T4 RJ-45 对引脚的规定

序号	信号定义	序号	信号定义
1	TX+	5	未用
2	TX-	6	RX-
3	RX+	7	未用
4	未用	8	未用

3. 光纤

光缆是由一组光导纤维组成的用来传播光束的、细小而柔韧的传输介质。与其他传输介质相比较，光缆的电磁绝缘性能好，信号衰变小，频带较宽，传输距离较大。光缆主要是在要求传输距离较长，布线条件特殊的情况下用于主干网的连接。光缆通信由光发送机产生光束，将电信号转变为光信号，再把光信号导入光纤，在光缆的另一端由光接收机接收光纤上传输来的光信号，并将它转变成电信号，经解码后再处理。光缆的最大传输距离远、传输速度快，是局域网中传输介质的佼佼者。

光缆是数据传输中最有效的一种传输介质，有以下几个优点：

（1）频带极宽（GB）。

（2）抗干扰性强（无辐射）。

（3）保密性强（防窃听）。

（4）传输距离长（2~10 km，无衰减）。

（5）电磁绝缘性能好。

（6）中继器的间隔较大。

光缆的主要用途：长距离传输信号，局域网主干部分，传输宽带信号。

光纤通信系统组成：光纤通信系统是以光波为载体、光导纤维为传输介质的通信方式，起主导作用的是光源、光纤、光发送机和光接收机。

光缆依据传输点模数分类，可分为多模光纤和单模光纤两类。

多模光纤：由发光二极管产生用于传输的光脉冲，通过内部的多次反射沿芯线传输。可以存在多条不同入射角的光线在一条光纤中传输。

单模光纤：使用激光作为光源体，光线与芯轴平行，损耗小，传输距离远，具有很高的带宽，但价格更高。在 2.5 Gbit/s 的高速率下，单模光纤不必采用中继器即可传输数十千米。

4. 无线传输介质

无线传输介质是指利用各种波长的电磁波充当传输媒体的传输介质，不需要使用线缆传输，不受固定位置的限制，可以全方位实现三维立体通信和移动通信。

无线传输的优点在于安装、移动以及变更都较容易，不会受到环境的限制。但信号在传输过程中容易受到干扰和被窃取，且初期的安装费用较高。

现在已经利用了好几个波段进行通信，目前多采用无线电波、微波、红外线和激光等。

（1）无线电波

无线电波是指在自由空间（包括空气和真空）传播的射频频段的电磁波。

（2）微波

微波是指频率为 300 MHz ~ 300 GHz 的电磁波，是一种定向传播的电波，在 1 000 MHz 以上，微波沿直线传播，因此可以集中于一点，通过微型电视接收器把所有的能量集中于一小束，便可以获得极高的信噪比，但是发射天线和接收天线必须精确对准。除此以为，这种方向性使成排的多个发射设备可以和成排的多个接收设备通信而不会发生串扰。

（3）卫星微波

卫星微波是利用地面上的定向抛物天线，将视线指向地球同步卫星。收发双方都必须安装卫星接收及发射设备，且收发双方的天线都必须对准卫星，否则不能收发信息。

（4）红外线

红外线是波长介乎微波与可见光之间的电磁波，波长在 760 nm 至 1 mm 之间，比红光长的非可见光。

（5）激光束

激光束也可以用于在空中传输数据。和微波通信相似，至少要有两个激光站组成，每个站点都拥有发送信息和接收信息的能力。激光设备通常是安装在固定位置上，通常安装在高山上的铁塔上，并且天线相互对应。由于激光束能在很长的距离上得以聚焦，因此激光的传输距离很远，能传输几十千米。

1.3.4　IP 地址

1. IP 地址的概念

网络上的两台计算机在相互通信时，在它们所传送的数据包里都会含有某些附加信息，这些附加信息就是发送数据的计算机的地址和接受数据的计算机的地址。类似人们日常生活中的电话通信，每个电话有唯一的电话号码作为标识地址，在计算机通信中，也为每台计算机事先分配一个类似标识地址，该标识地址就是 IP 地址。根据 TCP/IP 协议规定，IP 地址是由 32 位二进制数组成，而且在 Internet 范围内是唯一的。例如，某台联网的计算机的 IP 地址为 11010010 01001001 10001100 00000010。

很明显，这些数字对于人类来说不太好记忆。人们为了方便记忆，就将组成计算机的 IP 地址的 32 位二进制分成四段，每段 8 位，中间用小数点隔开，然后将每八位二进制转换成十进制数，这样上述计算机的 IP 地址就变成了 210.73.140.2。

2. IP 地址的分类

我们知道，因特网是把全世界的无数个网络连接起来的一个庞大的网间网，每个网络中的计算机通过其自身的 IP 地址而被唯一标识，据此可以设想，在 Internet 这个庞大的网间网中，每个网络也有自己的标识符。这与人们日常生活中的电话号码分为区号和号码很相似，例如有一个电话号码为 020 – 3800××××，这个号码中的前三位表示该电话是属于哪个地区的，后面的数字表示该地区的某个电话号码。与此类似，人们把计算机的 IP 地址也分成两部分，分别为网络标识和主机标识。同一个网络上的所有主机都用同一个网络标识，该网络上的每个主机(包括网络上工作站、服务器和路由器等)都有一个主机标识与其对应。IP 地址的四个字节划分为两个部分，一部用以标明具体的网络段，即网络标识；另一部分用以标明具体的结点，即主机标识，也就是说某个网络中特定的计算机号码。例如，某服务器的 IP 地址为 210.73.140.2，对于该 IP 地址，把它分成网络标识和主机标识两部分可以写成：

网络标识：210.73.140.0

主机标识：　　　　　　　　2

合起来写：210.73.140.2

由于网络中包含的计算机有可能不一样多，有的网络可能含有较多的计算机，也有的网络包含较少的计算机，于是人们按照网络规模的大小，把 32 位地址信息设成三种定位的划分方式，这三种划分方法分别对应于 A 类、B 类、C 类、D 类、E 类 IP 地址。

(1) A 类 IP 地址

A 类 IP 地址第 1 段的范围为 0～127，0 是保留的并且表示所有 IP 地址，而 127 也是保留的地址，并且是用于测试环回用的。因此 A 类地址的第一段的范围其实是从 1～126。

例如，10.0.0.1，第 1 段号码为网络号码，剩下的三段号码为本地计算机的号码。转换为二进制来说，一个 A 类 IP 地址由 1 字节的网络地址和 3 字节主机地址组成，网络地址的最高位的二进制必须是"0"，地址范围从 0.0.0.1 到 126.0.0.0。可用的 A 类网络有 126 个，每个网络能容纳 1 亿多个主机(2^{24} 主机数目)。

A 类地址默认子网掩码为 255.0.0.0。

(2) B 类 IP 地址

B 类 IP 地址第 1 段的范围为 128～191，如 172.168.1.1，第一和第二段号码为网络号码，剩下的两段号码为本地计算机的号码。转换为二进制来说，一个 B 类 IP 地址由 2 字节的网络地址和 2 字节的主机地址组成，网络地址的最高位的二进制必须是"10"，地址范围从 128.0.0.0 到 191.255.255.255。可用的 B 类网络有 16 382 个，每个网络能容纳 6 万多个主机。

B 类地址默认子网掩码为 255.255.0.0。

(3) C 类 IP 地址

C 类 IP 地址第 1 段的范围为 192～223，如 192.168.1.1，第一、第二、第三段号码为网络号码，剩下的最后一段号码为本地计算机的号码。转换为二进制来说，一个 C 类 IP 地址由 3

字节的网络地址和 1 字节的主机地址组成，网络地址的最高位的二进制必须是"110"。范围从 192.0.0.0 到 223.255.255.255。C 类网络可达 209 万余个，每个网络能容纳 254 个主机。

C 类地址默认子网掩码为 255.255.255.0。

（4）D 类 IP 地址

D 类 IP 地址第 1 段的范围为 224～239，转换为二进制来说，D 类 IP 地址第一个字节以 "1110"开始，它是一个专门保留的地址。它并不指向特定的网络，目前这一类地址被用在 多点广播（Multicast）中。多点广播地址用来一次寻址一组计算机，它标识共享同一协议的 一组计算机。

（5）E 类 IP 地址

E 类 IP 地址第一段的范围为 240～254，转换为二进制来说，E 类 IP 地址第一个字节以 "11110"开始，为将来使用保留。

各类 IP 地址的特点如表 1－2 所示。

表 1－2　各类 IP 地址的特点

类别	类标识	第一字节	网络地址长度	主机地址长度	最大网络数	最大主机数	适用范围
A 类	0	1～126	1 字节	3 字节	126	16 777 214	大型网络
B 类	10	128～191	2 字节	2 字节	16 382	65 534	中型网络
C 类	110	192～223	3 字节	1 字节	2 097 150	254	小型网络
D 类	1110	224～239	—	—	—	—	多点广播
E 类	11110	240～254	—	—	—	—	保留地址

3. 特殊 IP 地址

互联网中有六类 IP 地址具有特殊的用途，不能分配给主机。

（1）网络地址

当用户要表示一个网络时就要用到网络地址。在 IP 地址编码方案中，网络地址由一个 有效的网络号和全"0"的主机号构成。如某主机的 IP 地址为 168.36.12.55，这是一个 B 类 地址，则此主机所在网络的地址为 168.36.0.0。

（2）直接广播地址

用户向互联网中某个网络中的所有主机发送数据报，称为直接广播，具有这种特点的 IP 地址称为直播广播地址。在 IP 地址编码方案中，直接广播地址由一个有效的网络号和全 "1"的主机号构成。例如，当互联网中的一台主机使用 168.36.255.255 为目标地址发送数 据报时，则网络号为 168.36.0.0 的网络中所有主机都能收到该数据报。

（3）有限广播地址

用户向本网中每一台主机发送数据报，称为有限广播。有限广播将广播限制在最小的 范围内，当采用标准的 IP 地址编码时，有限广播将发生在本网络之中，若采用子网编址， 有限广播将被限制在本子网中。有限广播地址为 255.255.255.255。

（4）本网特定主机地址

当用户想与本网内部特定主机通信时，可通过将网络地址全部设为"0"进行简化（或不 知道本网的网络地址）。如某主机发送数据报时，其目标 IP 地址为 0.0.136.32（B 类地址），则表示该数据报要送到本网主机号为 136.42 的主机上。

（5）回环地址

A 类地址中，网络地址为 127 的地址用于网络软件测试或本机进程间通信。发送到这种地址的数据报不输出到线路上，立即返回。

（6）本网络本主机

全"0"的 IP 地址表示本网络上的本主机。

4. 子网掩码

IP 地址由网络号和主机号两部分构成，当大量个人用户或小型局域网接入互联网时，即使分配一个 C 类网络地址也会造成 IP 地址的浪费。因此出现了将网络进一步划分为若干子网的设计，即把两层 IP 地址结构中的主机号细分为子网号和主机号，如图 1-7 所示。

图 1-7　子网 IP 地址结构

为了标识一个 IP 地址中的网络号、子网号、主机号，设计了子网掩码。子网掩码的长度也是 32 位，左边是网络位，用二进制数字"1"表示；右边是主机位，用二进制数字"0"表示。如一个 C 类地址取主机号的两位为子网号，则掩码为 11111111.11111111.11111111.11000000（255.255.255.192），子网可以产生 64 个可能的主机地址，但全 0 用于标识子网自身，全 1 用于子网广播，只有 62 个地址可用，如网络号为 192.168.7，则子网 IP 地址范围为 192.168.7.193 ～ 192.168.7.254。

子网掩码不能单独存在，它必须结合 IP 地址一起使用。子网掩码只有一个作用，就是将某个 IP 地址划分成网络号和主机号两部分。

在实际工作中，不少用户会走进一个误区，例如，把 192 开头的 IP 地址设置成 B 类地址，虽然在局域网中的网络通信并不会受到影响，但事实上是不规范的一种划分行为。

子网掩码的简单叙述：子网掩码是一个 32 位地址，用于屏蔽 IP 地址的一部分以区别网络标识和主机标识，并说明该 IP 地址是在局域网上还是在远程网上。

以上述 IP 地址为例来说明一下，比如一个 C 类 IP 地址为 192.168.0.1，子网掩码为 255.255.255.0（转换二进制，255 在二进制表示 8 个 1，也就是全部占满），该写法表示这个 C 类 IP 地址的网络号码为 192.168.0，而主机地址为 1。

对于一个 IP 地址设定为 192.168.0.1，子网掩码设定为 255.255.255.0，在表述上还可以书写为 192.168.0.1/24，其中的"/24"表示网络号为 IP 地址的前 24 位，也就是子网掩码为 255.255.255.0。类似地，IP 地址为 192.168.7.193，子网掩码为 255.255.255.192，也可以书写成 192.168.7.193/26。

5. 私有 IP 地址

在这么多网络 IP 中，国际规定有一部分 IP 地址是用于局域网，也就是属于私有 IP，不在公网中使用，他们的范围如下：

A 类地址的私有 IP 范围：10. 0. 0. 0 ~ 10. 255. 255. 255。

B 类地址的私有 IP 范围：172. 16. 0. 0 ~ 172. 31. 255. 255。

C 类地址的私有 IP 范围：192. 168. 0. 0 ~ 192. 168. 255. 255。

使用保留地址的网络只能在内部进行通信，而不能与其他网络互连。因为本网络中的保留地址同样也可能被其他网络使用，如果进行网络互连，寻找路由时就会因为地址的不唯一而出现问题。但是这些使用保留地址的网络可以通过将本网络内的保留地址翻译转换成公共地址的方式实现与外部网络的互连。这也是保证网络安全的重要方法之一。

在单位内部、家庭内部，私有 IP 地址被广泛使用。例如，在家庭网络中，家用路由器的地址为通常是 192. 168. 1. 1，家庭网络都使用 192. 168. 1. 0 网段。

1.4　项目实施

1.4.1　制作交叉线

1. 材料及工具准备

双绞线一根，约 3 m；RJ - 45 水晶头八只；压线钳一把（见图 1 - 8）；双绞线测试仪（含电池）一个（见图 1 - 9）。

图 1 - 8　压线钳

图 1 - 9　双绞线测试仪

2. 制作过程

第一步 ：剥掉双绞线头部的灰色保护层。可以利用压线钳的剪线刀口将线头剪齐，再将线头放入剥线专用的刀口，稍微用力握紧压线钳慢慢旋转，让刀口划开双绞线的保护胶皮（见图 1 - 10）。在这个步骤中需要注意的是，压线钳挡位离剥线刀口长度通常恰好为水晶头长度，这样可以有效避免剥线过长或过短（见图 1 - 11）。

图 1 - 10　划开双绞线保护层

图 1-11 剥掉双绞线头部保护层

第二步：按 568A 标准线序排列线芯。把每对相互缠绕在一起的线缆逐一解开，解开后根据 568A 标准线序的规则把几组线缆依次地排列好并理顺（见图 1-12），排列时应该注意尽量避免线路的缠绕和重叠。

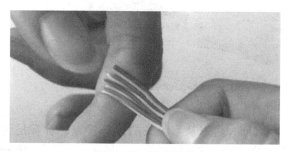

图 1-12 排序线芯

第三步：捋直线缆。抓住线缆然后向两个相反方向用力，并上下捋顺（见图 1-13）。

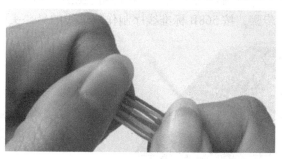

图 1-13 捋直线缆

第四步：剪齐线缆。把线缆依次排列好并理顺压直，之后利压线钳的剪线刀口把线缆顶部裁剪整齐，去掉外层保护层的部分约为 15 mm。裁剪之后，应该尽量把线缆按紧，并且应该避免大幅度的移动或者弯曲网线，否则也可能会导致几组已经排列且裁剪好的线缆出现不平整的情况（见图 1-14）。

第五步：将线缆插入水晶头内。需要注意的是要将水晶头有塑料弹簧片的一面朝下，有铜片针脚的一面朝上，使有铜片针脚的一端指向远离自己的方向，有方形孔的一端对着自己。此时，最左边的是第 1 脚，最右边的是第 8 脚，其余依次顺序排列。插入时需要注意缓缓地用力把八条线缆同时沿 RJ-45 头内的八个线槽插入，一直插到线槽的顶端（见图 1-15）。

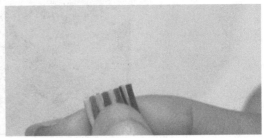

图 1 - 14　剪齐线缆并压紧

图 1 - 15　将线缆插入水晶头内

第六步：压线。压线之前，可以从水晶头的顶部检查，看看是否每一根线芯都紧紧地顶在水晶头的末端。确认无误之后就可以把水晶头插入压线钳的8P槽内压线。把水晶头插入后，用力握紧线钳，若力气不够，可以使用双手一起压，使水晶头凸出在外面的针脚全部压入水晶头内，受力之后听到轻微的"啪"一声即可(见图 1 - 16)。

第七步：重复以上步骤，按568B标准线序制作双绞线的另一头(见图 1 - 17)。

图 1 - 16　压线　　　　　　　　图 1 - 17　交叉线的两头

第八步：网线测试。把网线的两头分别插入测试仪的两个 RJ - 45 接口后，打开测试仪电源开关，可以看到测试仪上的两组指示灯都在闪动(见图 1 - 18)。本次测试的线缆为交叉线，无制线成功，其中一侧的指示灯是依次由 1 至 8 闪动绿灯，而另外一侧根据3、6、1、4、5、2、7、8这样的顺序闪动绿灯。若测试的线缆为直通线，若制线成功，在测试仪上两侧的八个指示灯应该由 1 至 8 闪动绿灯。

初学者初次制作网线未必成功，在网线测试过程中，可能会出现以下两种情况：

(1)测试过程中，亮灯的顺序不对。透过水晶头，仔细观察网线两头各自的线序，把线序不对的一头剪掉重做，然后再重新测试。

图 1-18 网线测试

（2）测试过程中，出现任何一个灯为不亮或黄灯，这是存在断路或者接触不良现象。此时先对两端水晶头再用网线钳压一次，然后再次测试。如果故障依旧，随便剪掉一端重新按正确线序做水晶头，然后再次测试。若故障仍存在，则需重做另一端水晶头。

1.4.2 组建双机互连对等网

1. 准备工作

两台装有 Windows 7 的计算机 A 和 B（带有线网卡），一根交叉线。

2. 组网过程

第一步：将交叉线的两端水晶头分别插入两台计算机的 LAN 网卡插口。启动两台计算机。

第二步：IP 地址设置。

（1）在计算机 A 中进入"网络和共享中心"窗口，如图 1-19 所示。

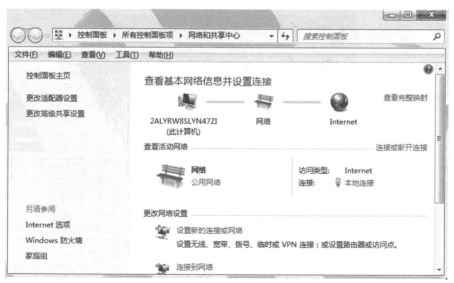

图 1-19 "网络与共享中心"窗口

（2）双击"本地连接"超链接。

（3）弹出"本地连接 属性"对话框，有 TCP/IPv4 和 TCP/IPv6 两种协议供用户设置，这里双击"Internet 协议版本 4（TCP/IPv4）"项目，如图 1-20 所示。

图 1-20　"本地连接 属性"对话框

（4）弹出 TCP/IPv4 对应的"属性"对话框，如图 1-21 所示，选择"使用下面的 IP 地址"单选按钮，然后输入 IP 地址、子网掩码，单击"确定"按钮。至此该计算机基本的 IP 地址信息设置完成。

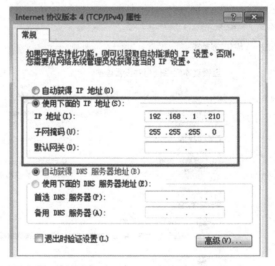

图 1-21　IP 地址设置

(5)另外一台计算机(计算机 B)也按照以上步骤完成基本的 IP 地址信息的设置,当然,IP 地址必须不同,比如使用同一网络范围内的另一 IP 地址 192.168.1.211。

第三步:设置共享目录(共享计算机 A 中的 D:\test\test 目录)

(1)找到要共享的文件夹并右击,选择"属性"命令,如图 1-22 所示。

图 1-22 右击要共享的文件夹

(2)在弹出的对话框中选择"共享"选项卡,单击"共享"按钮,如图 1-23 所示。

图 1-23 "共享"选项卡

(3)添加运行访问的用户,可以选择 everyone(见图 1-24),然后单击"添加"按钮,再单击"共享"按钮,最后会提示文件夹共享操作完成。

第四步:调试双机共享。

在计算机 B 中,选择"开始"→"运行"命令,在弹出的对话框中输入"ping"并按【Enter】键,在命令行窗口中输入另一台计算机的 IP 地址,如 \\ 192.168.1.210。按【Enter】键,如果看到了另一台计算机上的共享目录，双机互连即告成功，如图1-25所示。

图1-24　选择可以访问共享文件夹的用户

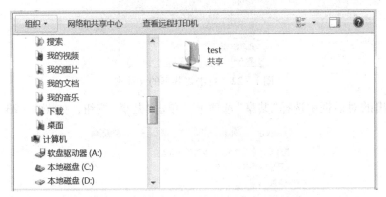

图1-25　从计算机B中看到了计算机A中的共享文件夹

1.5　【项目实训】制作直通线

本实训要求分别使用568A和568B标准制作两条直通线，制作完成后用网线测试仪测试网线，直到两根网线可用。

项 目 小 结

双机网卡连接具有速度快、能够承载应用多的特点，它能够实现局域网中所有的功能，连网状态也非常稳定。

习　　题

一、选择题

1. 从网络功能角度，计算机网络分为资源子网和(　　)两部分组成。

A. 局域网　　　　　　B. 通信子网　　　　　C. 广域网　　　　　　D. 广播式网络

2. 下面( )是私有IP地址。

A. 53.10.110.211
B. 10.1.100.176

C. 11.21.65.56
D. 151.23.12.7

3. IP地址193.161.230.139是( )地址。

A. A类
B. B类
C. C类
D. D类

4. 下面( )不是正确的IP地址。

A. 129.123.54.243
B. 126.256.33.78

C. 59.70.143.78
D. 201.9.12.60

5. 如果一台主机的IP地址为192.168.10.10，子网掩码为255.255.255.0，那么该主机所在的网络总共最多能有( )台计算机。

A. 100
B. 200
C. 254
D. 256

6. 下列对双绞线线序568A排序正确的是( )。

A. 白橙、橙、白绿、蓝、白蓝、绿、白棕、棕

B. 白橙、橙、绿、白蓝、蓝、白绿、白棕、棕

C. 白绿、绿、白橙、蓝、白蓝、橙、白棕、棕

D. 绿、白绿、橙、白橙、蓝、白蓝、棕、白棕

7. 以下不能成为子网掩码的是( )。

A. 255.255.255.0
B. 255.255.0.255
C. 255.255.0.0
D. 255.0.0.0

8. B类IP地址的默认子网掩码是( )。

A. 255.255.255.255
B. 255.255.255.0
C. 255.255.0.0
D. 255.0.0.0

9. IPv4地址为( )二进制位。

A. 128
B. 32
C. 48
D. 255

10. 子网掩码为255.255.0.0，下列IP地址( )与其他IP地址不在同一网段。

A. 172.25.15.201
B. 172.25.16.15
C. 172.16.25.16
D. 172.25.201.15

二、填空题

1. 一个完整的计算机网络系统是由 _____ 和 _____ 所组成的。

2. _____ 是当前异种网络互连应用最为广泛的网络协议。

3. 按覆盖范围分类，计算机网络一般分为 _____ 、_____ 和 _____。

4. IP由 _____ 和 _____ 两部分组成。

三、简答题

简述子网掩码的作用。

项目 ②

2.1 应用场景

随着李先生公司业务的逐渐发展，员工也增加到了 10 人，公司新添置一批计算机和一台网络打印机，需要组建办公室网络来提高工作效率，节约成本和规范管理。通过办公室网络，全部计算机能稳定快速地访问相互共享的资源，能随时使用打印服务，并使用协同办公应用等。

2.2 解决方案

使用接入交换机可以把多台计算机设备、网络打印机等连接在一起。一般的 16 口 100 Mbit/s 交换机基本可以满足李先生公司的要求，考虑网络设备扩充，可考虑 24 口交换机。交换机组网是星形拓扑结构网络，交换机将作为网络的中央结点，交换机的性能稳定将显得尤为重要，应选用高性能可网管的交换机。通过类似图 2-1 所示的布局，在各计算机中正确配置 IP 地址，设置好共享文件夹，添加好网络打印机，即可稳定快速地访问相互共享的资源和随时使用打印服务。

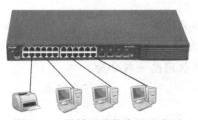

图 2-1 局域网网络布局示意图

2.3 相关知识

2.3.1 网络拓扑结构

当用户组建计算机网络时，要考虑网络的布线方式，即涉及网络拓扑结构。网络拓扑结构指网路中计算机线缆以及其他组件的物理布局。

局域网常用的拓扑结构有总线结构、环状结构、星状结构、复合结构、树状结构和网状结构。拓扑结构影响着整个网络的设计、功能、可靠性和通信费用等许多方面，是决定局域网性能优劣的重要因素之一。几种网络拓扑结构如图 2-2 所示。

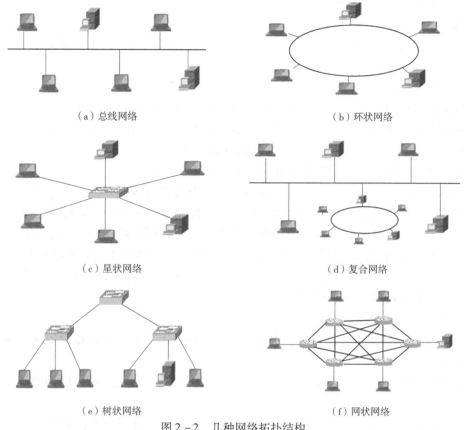

（a）总线网络　　　　　　　　　　　　　（b）环状网络

（c）星状网络　　　　　　　　　　　　　（d）复合网络

（e）树状网络　　　　　　　　　　　　　（f）网状网络

图 2-2　几种网络拓扑结构

（1）总线拓扑结构

总线拓扑是采用单根传输作为共用的传输介质，将网络中所有的计算机通过相应的硬件接口和电缆直接连接到这根共享的总线上。

总线拓扑结构中，在总线上，任何一台计算机在发送信息时，其他计算机必须等待。而且计算机发送的信息会沿着总线向两端扩散，从而使网络中所有计算机都会收到这个信息，但是否接收，还取决于信息的目标地址是否与网络主机地址相一致，若一致，则接收；若不一致，则不接收。

总线拓扑结构的网络不需要插入任何其他的连接设备，其中任何一台计算机发送的信号都沿一条共同的总线传播，而且能被其他所有计算机接收。

总线拓扑结构的优点如下：

① 网络结构简单，结点的插入、删除比较方便，易于网络扩展。

② 设备少、造价低，安装和使用方便。

③ 具有较高的可靠性。因为单个结点的故障不会涉及整个网络。

总线拓扑结构的缺点如下：

① 总线传输距离有限，通信范围受到限制。

② 故障诊断和隔离比较困难。当结点发生故障时，隔离起来较方便，一旦传输介质出现故障，就需要将整个总线切断。

③ 易于发生数据碰撞，线路争用现象比较严重。

④ 分布式协议不能保证信息的及时传送，不具有实时功能，站点必须有介质访问控制功能，从而增加了站点的硬件和软件开销。

（2）星状拓扑结构

星状拓扑结构的网络属于集中控制型网络，整个网络由中心结点执行集中式通行控制管理，各结点间的通信都要通过中心结点。每一个要发送数据的结点都将发送到数据发送中心结点，再由中心结点负责将数据送到目地结点。因此，中心结点相当复杂，而各个结点的通信处理负担都很小，只需要满足链路的简单通信要求。

星状网中任何两个结点要进行通信都必须经过中央结点控制。因此，中央结点的主要功能有三项：当要求通信的站点发出通信请求后，控制器要检查中央转接站是否有空闲的通路，被叫设备是否空闲，从而决定是否能建立双方的物理连接；在两台设备通信过程中要维持这一通路；当通信完成或者不成功要求拆线时，中央转接站应能拆除上述通道。

由于中央结点要与多机连接，线路较多，为便于集中连线，采用一种称为集线器（Hub）或交换机（Switch）的设备作为中央结点。

星状拓扑结构的优点如下：

① 控制简单。任何一个站点只和中央结点相连接，因而介质访问控制方法简单，致使访问协议也十分简单。易于网络监控和管理。

② 故障诊断和隔离容易。中央结点对连接线路可以逐一隔离进行故障检测和定位，单个连接点的故障只影响一个设备，不会影响全网。

③ 方便服务。中央结点可以方便地对各个站点提供服务和网络重新配置。

星状拓扑结构的缺点如下：

① 需要耗费大量的电缆，安装、维护的工作量也骤增。

② 中央结点负担重，容易形成"瓶颈"，一旦发生故障，则全网受影响。

③ 各站点的分布处理能力较低。

总的来说星状拓扑结构相对简单，便于管理，建网容易，是局域网普遍采用的一种拓扑结构。采用星状拓扑结构的局域网，一般使用双绞线或光纤作为传输介质，符合综合布线标准，能够满足多种宽带需求。

（3）环状拓扑结构

环状结构中各结点通过环路接口连在一条首尾相连的闭合环形通信线路中，环路中各结点地位相同，环路上任何结点均可请求发送信息，请求一旦被批准，便可以向环路发送信息。环形网中的数据传输主要是单向传输，也可以双向传输（双向环）。由于环线公用，一个结点发出的信息必须穿越环中所有的环路接口，信息流的目的地址与环上某结点地址相符时，信息被该结点的环路接口所接收，并继续流向下一环路接口，一直流回到发送该信息的环路接口为止。

环状拓扑结构的优点如下：

① 电缆长度短，只需要将各结点逐次相连。

② 可使用光纤。光纤的传输速率很高，十分适合于环状拓扑的单方面传输。

③ 所有站点都能公平访问网络的其他部分，网络性能稳定。

环状拓扑结构的缺点如下：

① 结点故障会引起全网故障，是因为数据传输需要通过环上的每一个结点，如某一结点故障，则引起全网故障。

② 检测故障困难。因为不是集中控制，故障检测需在网中各个结点进行，故障的检测不太容易查出。

③ 结点的加入和撤出过程复杂。

④ 介质访问控制协议采用令牌传递的方式，在负载很轻时信道利用率相对较低。

（4）树状拓扑结构

树状拓扑结构实际上是星形拓扑的发展和补充，为分层结构，具有根结点和各分支结点，适用于分支管理和控制的系统。树状网络也称多星级形网络。树状网络是由多个层次的星形结构纵向连接而成，一般来说，越靠近树的根部，结点设备的性能越好。

树状拓扑结构是网络结点呈树状排列，整体看来就像一棵朝上的树，因而得名。

树状拓扑具有较强的可折叠性，非常适用于构建网络主干，还能够有效地保护布线投资。这种拓扑结构的网络一般采用光纤作为网络主干，用于军事单位、政府单位等上下界限相当严格和层次分明的网络结构。

与星状拓扑相比，它们有许多相似的优点，比星形拓扑的扩展性更高。

树状拓扑结构的优点如下：

① 易于扩展。可以延伸出很多分支和子分支，因而容易在网络中加入新的分支或新的结点。

② 易于隔离故障。如果某一线路或某一分支结点出现故障，它主要影响局部区域，因而能比较容易地将故障部位与整个系统隔离开。

树状拓扑结构的缺点：各个结点对根的依赖性太大。

（5）网状拓扑结构

网状拓扑结构主要指各结点通过传输线互连，并且每一个结点至少与其他两个结点相连，网状拓扑结构具有较高的可靠性，但其结构复杂，实现起来费用较高，不易管理和维护，不常用于局域网，一般用于 Internet 主干网上。

网状拓扑的优点如下：

① 网络可靠性高，一般通信子网中任意两个结点交换机之间，存在两条或两条以上的通信路径，当一条路径发生故障时，还可以通过另一条路径把信息送至结点交换机。

② 网络可组建成各种形状，采用多种通信信道，多种传输速率。

③ 网内结点共享资源容易。

④ 可改善线路的信息流量分配。

⑤ 可选择最佳路径，传输延迟小。

网状拓扑的缺点如下：

① 控制复杂，软件复杂。

② 线路费用高，不易扩充。

③ 在以太网中，如果设置不当，会造成广播风暴，严重时可以使网络完全瘫痪。

2.3.2　局域网常用连接设备

1. 集线器

集线器(Hub)是对网络进行集中管理的重要设备，是星形拓扑结构网络的中央结点设备之一。Hub 是一个共享设备，其实质是一个中继器，而中继器的主要功能是对接收到的信号进行再生放大，以扩大网络的传输距离。具有多个 RJ - 45 接口的集线器就像是使用镜子把光线分到各个端口。在网络中，集线器主要用于共享网络的建设，是解决从服务器直接到桌面的最佳、最经济的方案。简单的小型集线器见图 2 - 3 所示。

图 2 - 3　小型集线器

(1)集线器工作原理

集线器工作于 OSI/RM 参考模型的物理层和数据链路层的 MAC(介质访问控制)子层。物理层定义了电气信号、符号、线的状态和时钟要求、数据编码和数据传输用的连接器。因为集线器只对信号进行整形、放大后再重发，不进行编码，所以是物理层的设备。

集线器采用了 CSMA/CD(载波侦听多路访问/冲突检测)协议，CSMA/CD 为 MAC 层协议，所以集线器也含有数据链路层的内容。

集线器的工作过程是非常简单的，首先是结点发信号到线路，集线器接收该信号，因信号在电缆传输中有衰减，集线器接收信号后将衰减的信号整形放大，最后集线器将放大的信号广播转发给其他所有端口。由此可见，集线器在物理拓扑结构上是星形拓扑结构，而在逻辑拓扑结构上是总线形拓扑结构。

集线器的广播发送数据方式有三方面的不足：

① 用户数据包向所有结点发送，很可能带来数据通信的不安全因素，一些别有用心的人很容易非法截获他人的数据包。

② 由于所有数据包都是向所有结点同时发送，加上其共享带宽方式(如果两个设备共享 10 Mbit/s 的集线器，那么每个设备就只有 5 Mbit/s 的带宽速率)，可能造成网络塞车现象，更加降低了网络执行效率。

③ 非双工传输，网络通信效率低。集线器的同一时刻每一个端口只能进行一个方向的数据通信，而不能像交换机那样进行双向双工传输，网络执行效率低，不能满足较大型网络通信需求。

(2)集线器的类型

① 按端口数量来分。这是最基本的分类标准之一。目前主流集线器主要有 8 口、16 口和 24 口等大类，但也有少数品牌提供非标准端口数，如 4 口和 12 口的，还有的有 5 口、9 口、18 口的集线器产品，这主要是想满足部分对端口数要求过严、资金投入比较谨慎的用户需求。此类集线器一般用作家庭或小型办公室等。

② 按带宽划分。集线器也有带宽之分，如果按照集线器所支持的带宽不同，通常可分为 10 Mbit/s、100 Mbit/s、10/100 Mbit/s 三种。

③ 按照配置的形式分。如果按整个集线器的配置来分，一般可分为独立型集线器、模块化集线器和堆叠式集线器三种。

独立型集线器在低端应用是最多的，也是最常见的。独立型集线器是带有许多端口的单个盒子式的产品，独立型集线器之间多数是可以用一段 10Base–5 同轴电缆把它们连接在一起，以实现扩展级联，这主要应用于总线形网络中，也可以用双绞线通过普通端口实现级连，但要注意所采用的网线跳线方式不一样。独立型集线器具有低价格、容易查找故障、网络管理方便等优点，在小型的局域网中广泛使用。但这类集线器的工作性能比较差，尤其是在速度上缺乏优势。

模块化集线器一般都配有机架，带有多个卡槽，每个槽可放一块通信卡，每个卡的作用就相当于一个独立型集线器，多块卡通过安装在机架上的通信底板进行互连并进行相互间的通信。现在常使用的模块化集线器一般具有 4~14 个插槽。模块化集线器各个端口都有专用的带宽，只在各个网段内共享带宽，网段之间采用交换技术，从而减少冲突，提高通信效率，因此又称为端口交换机模块化集线器。其实这类 Hub 已经采用交换机的部分技术，已不是单纯意义上的集线器，它在较大的网络中便于实施对用户的集中管理，在较大型网络中得到了广泛应用。

堆叠式集线器可以将多个集线器"堆叠"使用，当它们连接在一起时，其作用就像一个模块化集线器一样，堆叠在一起的集线器可以当作一个单元设备进行管理。一般情况下，当有多个集线器堆叠时，其中存在一个可管理集线器，利用可管理集线器可对此可堆叠式集线器中的其他"独立型集线器"进行管理。可堆叠式集线器可非常方便地实现对网络的扩充，是新建网络时最为理想的选择。

④ 从是否可进行网络管理来分。按照集线器是否可被网络管理分，有不可通过网络进行管理的"非网管型集线器"和可通过网络进行管理的"网管型集线器"两种。

非网管型集线器也称傻瓜集线器，是指既无须进行配置，也不能进行网络管理和监测的集线器。该类集线器属于低端产品，通常只被用于小型网络，这类产品比较常见，只要集线器插上电，连上网线就可以正常工作。这类集线器虽然安装使用方便，但功能较弱，不能满足特定的网络需求。

网管型集线器也称智能集线器，可通过 SNMP 协议（Simple Network Management Protocol，简单网络管理协议）对集线器进行简单管理的集线器，这种管理大多是通过增加网管模块来实现的。实现网管的最大用途是用于网络分段，从而缩小广播域，减少冲突提高数据传输效率。另外，通过网络管理可以在远程监测集线器的工作状态，并根据需要对网络传输进行必要的控制。需要指出的是，尽管同是对 SNMP 提供支持，但不同厂商的模块是不能混用的，甚至同一厂商不同产品的模块也不同。

2. 交换机

交换是按照通信两端传输信息的需要，用人工或设备自动完成的方法，把要传输的信息送到符合要求的相应路由上的技术的统称。

交换机（Switch）也称交换式集线器，又称网络开关。它是一种基于 MAC 地址标识，能够在通信系统中完成信息交换功能的设备。交换机有多个端口，每个端口都具有桥接功能，可以连接一个局域网或一台高性能服务器或工作站。实际上，交换机有时被称为多端口网桥。随着带宽的需求越来越大，共享式网络远远不能满足要求，这也就推动了局域网交换机的出现。

局域网交换机拥有许多端口，每个端口有自己的专用带宽，并且可以连接不同的网段。交换机各个端口之间的通信是同时的、并行的，这就大大提高了信息吞吐量。为了进一步提高性能，每个端口还可以只连接一个设备。为了实现交换机之间的互连或与高档服务器的连接，局域网交换机一般拥有一个或几个高速端口，如 100 Mbit/s 以太网端口、FDDI 端口或 155MATM 端口，从而保证整个网络的传输性能。如图 2－4 所示，是 ECOM 二层交换机 S2624L。

图 2－4　ECOM 二层交换机

（1）交换机的原理

交换机工作在数据链路层，拥有一条很高带宽的背部总线和内部交换矩阵。交换机的所有端口都挂接在这条背部总线上，控制电路收到数据包以后，处理端口会查找内存中的地址对照表以确定目的 MAC（网卡的硬件地址）的 NIC（网卡）挂接在哪个端口上，通过内部交换矩阵迅速将数据包传送到目的端口，若目的 MAC 不存在，则广播到除本端口所有的端口，接收端口回应后交换机会"学习"新的 MAC 地址，并把它添加入内部 MAC 地址表中。

交换机和网桥一样，是工作在链路层的联网设备，它的各个端口都具有桥接功能，每个端口可以连接一个 LAN 或一台高性能网站或服务器，能够通过自学习来了解每个端口的设备连接情况。所有端口由专用处理器进行控制，并经过控制管理总线转发信息。

（2）交换机的三种交换方式

① 直通式。直通式的交换机可以理解为在各端口间是纵横交叉的线路矩阵电话交换机。它在输入端口检测到一个数据包时，检查该包的包头，获取包的目的地址，启动内部的动态查找表转换成相应的输出端口，在输入与输出交叉处接通，把数据包直通到相应的端口，实现交换功能。由于不需要存储，延迟非常小、交换非常快，这是它的优点。其缺点是，因为数据包内容并没有被以太网交换机保存下来，所以无法检查所传送的数据包是否有误，不能提供错误检测能力。由于没有缓存，不能将具有不同速率的输入/输出端口直接接通，而且容易丢包。

② 存储转发。存储转发方式是计算机网络领域应用最为广泛的方式。它把输入端口的数据包先存储起来，然后进行 CRC（循环冗余码校验）检查，在对错误包处理后才取出数据包的目的地址，通过查找表转换成输出端口送出包。正因如此，交换机存储转发方式在数据处理时延时大，这是它的不足，但是它可以对进入交换机的数据包进行错误检测，有效地改善网络性能。尤其重要的是它可以支持不同速度的端口间的转换，保持高速端口与低速端口间的协同工作。

③ 碎片隔离。这是介于前两者之间的一种解决方案。交换机检查数据包的长度是否够64 B，如果小于 64 B，说明是假包，则丢弃该包；如果大于 64 B，则发送该包。这种方式也不提供数据校验。它的数据处理速度比存储转发方式快，但比直通式慢。

（3）交换机的功能

交换机的基本功能包括地址学习、帧转发及过滤、环路避免。

① 地址学习。以太网交换机了解每一端口相连设备的 MAC 地址，并将地址同相应的端口映射起来存放在交换机缓存中的 MAC 地址表中。

当交换机被初始化时，其 MAC 地址表是空的，此时如果有数据帧到来，交换机就向除了源端口之外的所有端口转发，并把源端口和相对应的 MAC 地址记录在地址表中。以后每收到一个信息都查看地址表，有记录的就按照地址表中对应的地址转发，没有记录的就把信息转发给除源端口之外的所有端口，并记录下端口和 MAC 地址的对应信息。直到连接到交换机的所有的计算机都发送过数据之后，交换机最终建立完整的 MAC 地址表。

② 帧转发及过滤。交换机最基本的功能是把网络中一台设备的信息转发到另一台设备上。交换机是智能化的设备，不再广播式转发，而是有针对地把数据转发到指定的设备上。由交换机的地址学习功能可知，当一个帧到达交换机后，交换机通过查找 MAC 地址表来决定如何转发。如果目的 MAC 地址存在，则将帧向其对应的端口转发。如果在表中找不到目的地址的相应项，则将数据帧向除了源端口的所有端口转发。

③ 环路避免。当网络的范围不断扩展，出现多台交换机互相连接时，经常把交换机之间互相连接形成一个交换链路环，以保持网络的冗余性和稳定性，一台交换机出现问题，链路不会中断。但互相连接形成环路之间会产生广播风暴、多帧复制和 MAC 地址表不稳定等现象，严重影响网络正常运行。因此交换机大都通过使用生成树 STP 协议来管理局域网内的这种环路，避免帧在网络中不断兜圈子现象的发生。

（4）三层交换机

三层交换机就是具有部分路由器功能的交换机，三层交换机的最重要目的是加快大型局域网内部的数据交换，所具有的路由功能也是为这目的服务的，能够做到一次路由，多次转发。对于数据包转发等规律性的过程由硬件高速实现，而像路由信息更新、路由表维护、路由计算、路由确定等功能，由软件实现。三层交换技术就是二层交换技术 + 三层转发技术。传统交换技术是在 OSI 网络标准模型第二层——数据链路层进行操作的，而三层交换技术是在网络模型中的第三层实现了数据包的高速转发，既可实现网络路由功能，又可根据不同网络状况做到最优网络性能。

2.4 项目实施

2.4.1 组建办公网络

1. 材料及工具准备

（1）4 根直通线，每根约 2 m。

（2）1 台锐捷 RG – S2628G 交换机器（或其他交换机）。

（3）3 台 PC（安装 Windows 7 操作系统，或使用虚拟机）。

（4）1 台惠普彩色激光打印机 HP Color LaserJet Pro MFP M177fw。

2. 硬件连接及 IP 配置

（1）按照拓扑结构，用 4 根直通线将 3 台 PC、1 台打印机连接上到交换机。

（2）配置网络打印机 IP 信息。

① 打开 HP 网络打印机电源，单击"配置"按钮，如图 2-5 所示。

② 选择"网络设置"选项，如图 2-6 所示。

图 2-5　网络打印机设置界面　　　　　　图 2-6　设置菜单

③ 在"网络配置"中选择"IPv4 配置方法"选项，如图 2-7 所示。

④ "IPv4 配置方法"选项中使用"手动"选项，如图 2-8 所示。

 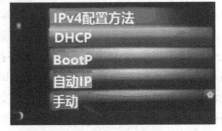

图 2-7　网络设置　　　　　　　　　　图 2-8　IPv4 配置方式

⑤ 输入打印机 IP 地址 192.168.100.200，输入完毕后，单击"OK"按钮，如图 2-9 所示。

⑥ 然后选择"是"，进入子网掩码配置，如图 2-10 所示。

⑦ 子网掩码配置为 255.255.255.000，输入完毕后，单击"OK"按钮，如图 2-11 所示。

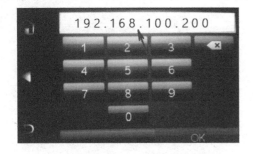 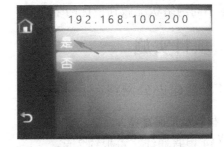

图 2-9　IP 地址的设置　　　　　　　图 2-10　IP 地址的确认

⑧ 然后进入网关信息配置，输入网关地址 192.168.100.254，单击"OK"按钮，如

图 2 - 12 所示。

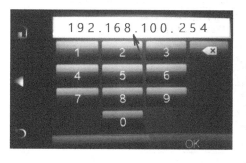

图 2 - 11 子网掩码的设置   图 2 - 12 网关的设置

⑨ 配置完毕后，显示"TCP/IP 设置已保存"，至此，HP 网络打印机 IP 地址配置完毕，如图 2 - 13 所示。

图 2 - 13 保存提示

(3)配置各台 PC 机的 IP 信息。

PC1 配置为 IP 地址 192. 168. 100. 1，子网掩码 255. 255. 255. 0，网关 192. 168. 100. 254；

PC2 配置为 IP 地址 192. 168. 100. 2，子网掩码 255. 255. 255. 0，网关 192. 168. 100. 254；

PC2 配置为 IP 地址 192. 168. 100. 3，子网掩码 255. 255. 255. 0，网关 192. 168. 100. 254。

2. 4. 2 文件共享

以 PC1 共享其 D:\share 文件夹为例，介绍 Windows 7 文件共享的操作。

(1)找到 D:\share，右击该文件夹，选择"属性"命令，在弹出的对话框中选择"共享"选项卡，单击"高级共享"按钮，如图 2 - 14 所示。

(2)在"高级共享"对话框中，勾选"共享此文件夹"复选框，共享名为默认的"share"，单击"确定"按钮，如图 2 - 15 所示。

(3)选择"安全"选项卡，单击"编辑"按钮，修改文件夹权限，如图 2 - 16 所示。

(4)单击"添加"按钮，添加用户权限，如图 2 - 17 所示。

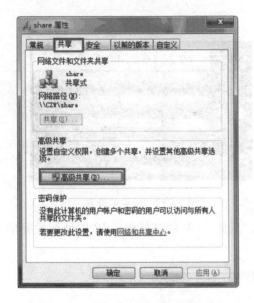

图 2 – 14 "共享"选项卡

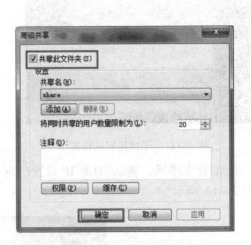

图 2 – 15 "高级共享"对话框

图 2 – 16 "安全"选项卡

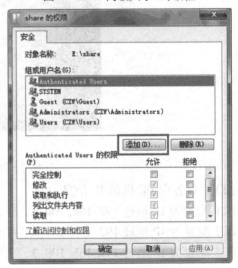

图 2 – 17 添加用户的权限

（5）添加用户 guest，单击"确定"按钮，如图 2 – 18 所示。

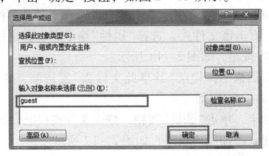

图 2 – 18 添加用户

(6)选择用户 guest，勾选其权限选项，单击"确定"按钮，如图2-19所示。

图2-19 设定指定用户的权限

(7)打开"网络与共享中心"窗口，单击"更改高级共享设置"按钮，如图2-20所示。

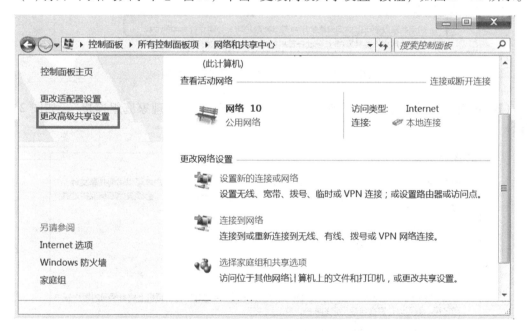

图2-20 "网络和共享中心"窗口

(8)展开"针对不同的网络配置文件更改共享选项"下面的"公用"项目，如图2-21所示。

(9)配置公用网络"启用网络发现""启用文件和打印机共享"、"启用共享以便可以访问网络的用户可以读取和写入公用文件夹的文件"，如图2-22所示。

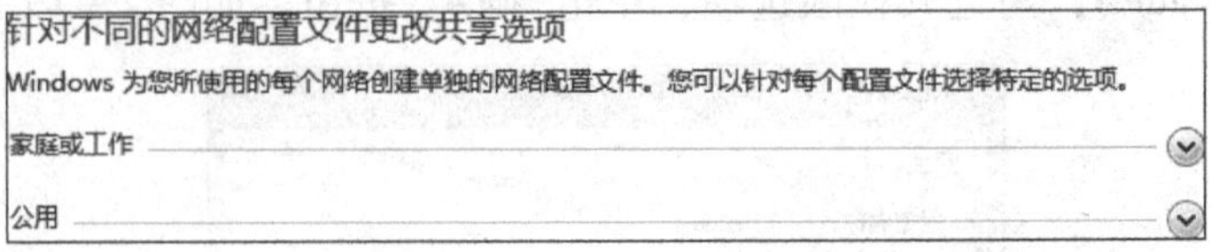

针对不同的网络配置文件更改共享选项

Windows 为您所使用的每个网络创建单独的网络配置文件。您可以针对每个配置文件选择特定的选项。

家庭或工作 ⌄

公用 ⌄

图 2 – 21   展开公用项目

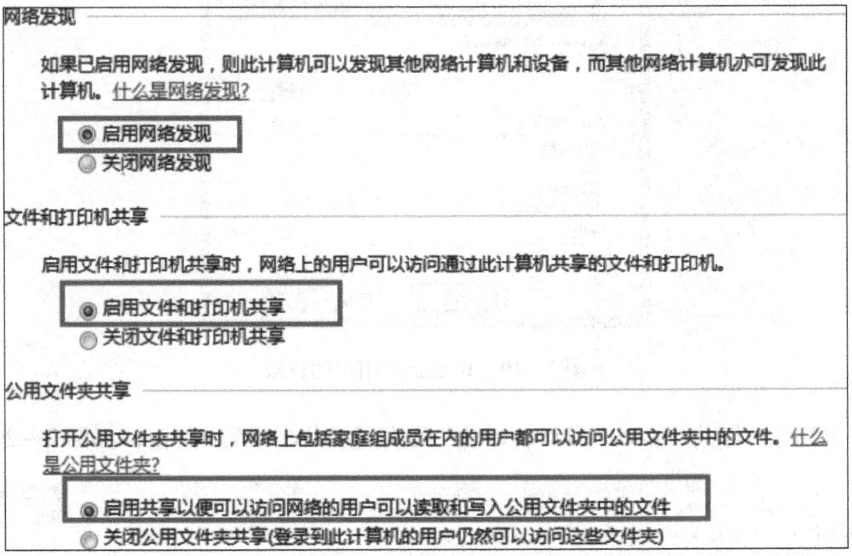

网络发现

如果已启用网络发现，则此计算机可以发现其他网络计算机和设备，而其他网络计算机亦可发现此计算机。什么是网络发现?

◉ 启用网络发现
○ 关闭网络发现

文件和打印机共享

启用文件和打印机共享时，网络上的用户可以访问通过此计算机共享的文件和打印机。

◉ 启用文件和打印机共享
○ 关闭文件和打印机共享

公用文件夹共享

打开公用文件夹共享时，网络上包括家庭组成员在内的用户都可以访问公用文件夹中的文件。什么是公用文件夹?

◉ 启用共享以便可以访问网络的用户可以读取和写入公用文件夹中的文件
○ 关闭公用文件夹共享(登录到此计算机的用户仍然可以访问这些文件夹)

图 2 – 22   设置公用项目的网络配置选项

(10)配置公用网络"关闭密码保护共享""允许 Windows 管理家庭组连接"，如图 2 – 23 所示。

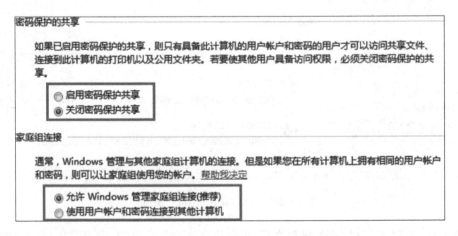

密码保护的共享

如果已启用密码保护的共享，则只有具备此计算机的用户帐户和密码的用户才可以访问共享文件、连接到此计算机的打印机以及公用文件夹。若要使其他用户具备访问权限，必须关闭密码保护的共享。

○ 启用密码保护共享
◉ 关闭密码保护共享

家庭组连接

通常，Windows 管理与其他家庭组计算机的连接。但是如果您在所有计算机上拥有相同的用户帐户和密码，则可以让家庭组使用您的帐户。帮助我决定

◉ 允许 Windows 管理家庭组连接(推荐)
○ 使用用户帐户和密码连接到其他计算机

图 2 – 23   设置公用项目的其他网络配置选项

(11)通过"控制面板"打开"添加或删除用户账户"窗口，如图 2 – 24 所示。

(12)选择来宾账户"Guest"，如图 2 – 25 所示。

图 2 - 24　"用户账户和家庭安全"窗口

图 2 - 25　选择来宾账户进行设置

（13）启用来宾账户"Guest"，如图 2 - 26 所示。

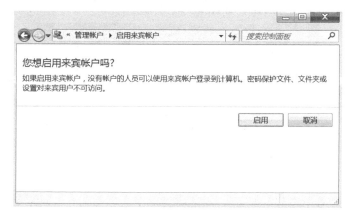

图 2 - 26　启用来宾账户

（14）测试共享文件夹。在其他计算机中通过"运行"对话框，输入"\\192.168.100.1\\share"，单击"确定"按钮，即可访问 PC1 的共享文件夹，如图 2－27 所示。

图 2－27　通过"运行"对话框访问网络共享文件夹

2.4.3　连接网络打印机

以 PC1 连接使用网络打印机为例，介绍 Windows 7 连接使用打印机的操作。

（1）打开"设备和打印机"窗口，进入设备和打印机界面，如图 2－28 所示。

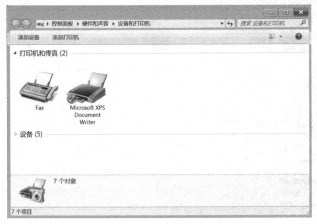

图 2－28　"设备和打印机"窗口

（2）单击"添加打印机"按钮，启动添加打印机向导，选择"添加网络、无线或 Bluetooth 打印机"选项，单击"下一步"按钮，如图 2－29 所示。

图 2－29　"添加打印机"对话框

（3）进入"正在搜索可用的打印机"对话框，这里不进行人工干预的话，会搜索较长时间，可单击"停止"按钮停止搜索，再单击"我需要的打印机不在列表中"，如图 2 – 30 所示。

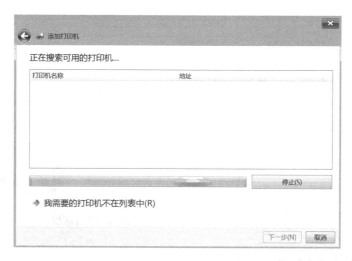

图 2 – 30　"正在搜索可用的打印机"对话框

（4）在"按名称或 TCP/IP 地址查找打印机"对话框中，选择"使用 TCP/IP 地址或主机名添加打印机"单选按钮，单击"下一步"按钮，如图 2 – 31 所示。

图 2 – 31　"按名称或 TCP/TP 地址查找打印机"对话框

（5）在"输入打印机主机名或 IP 地址"对话框中，在"主机名或 IP 地址"文本框中输入打印机 IP 地址 192.168.100.200，端口名称用默认设置，单击"下一步"按钮，如图 2 – 32 所示。

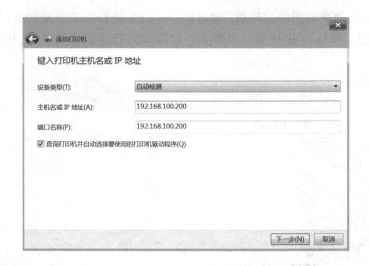

图 2 - 32　"键入打印机主机名或 IP 地址"对话框

2.5　【项目实训】组建交换式局域网

本实训需要掌握用交换机组建交换式局域网的方法、Windows 7 在局域网建设过程中的相关设置、Windows 7 文件夹共享的设置方法及打印机共享的设置方法。

实训设备及环境要求如下：

(1)4 根直通线，每根约 2 m。

(2)1 台锐捷 RG - S2628G 交换机器(或其他交换机)。

(3)3 台 PC(安装 Windows 7 操作系统，或使用虚拟机)。

(4)1 台惠普彩色激光打印机 HP Color LaserJet Pro MFP M177fw。

(5)网络拓扑图参考图。

本实训内容如下：

(1)使用交换机组建局域网。

(2)配置各 PC 的 IP 和网络打印机 IP。

(3)在 PC1 中，创建新用户 stu。

(4)在 PC1 中，设置文件夹 D:\stuFiles 的安全属性，使用户 stu 能完全控制。

(5)在 PC1 中，把文件夹 D:\stuFiles 共享，只能用户 stu 使用密码访问。

(6)在 PC1 中连接网络打印机，并共享该打印机。

(7)在 PC2 上通过写入、打开、删除文件操作来测试 PC1 的共享文件夹，通过打印文档来测试能否使用 PC1 共享的打印机。

项　目　小　结

通过办公网络组建项目，可以了解网络拓扑结构、局域网常用设备的集线器和交换机，熟知各种网络拓扑图的优缺点，交换机的工作原理和基本功能。通过项目的实施过程，可以掌握局域网设备和终端的连接、局域网计算机设备和网络打印机设备的 IP 设置、计算机的文件共享和访问、连接网络打印机并使用打印服务。

习　题

一、选择题

1. 任意两个结点之间通信均要通过中心结点的网络拓扑结构是(　　)。

A. 星状　　　　　　B. 总线　　　　　　C. 环状　　　　　　D. 树状

2. 由于总线作为公共传输介质为多个结点共享，因此在工作过程中由可能出现(　　)问题。

A. 拥塞　　　　　　B. 冲突　　　　　　C. 交换　　　　　　D. 互联

3. 下面(　　)设备可以看作一种多端口的网桥设备。

A. 中继器　　　　　B. 交换机　　　　　C. 路由器　　　　　D. 集线器

4. 局域网常用的基本拓扑结构有(　　)、环形和星形。

A. 层次形　　　　　B. 总线形　　　　　C. 交换形　　　　　D. 分组形

5. 交换机如何知道将帧转发到(　　)端口。

A. 用 MAC 地址表　　　　　　　　　　B. 用 ARP 地址表

C. 读取源 ARP 地址　　　　　　　　　D. 读取源 MAC 地址

6. 以太网交换机一个端口在接收到数据帧时，如果没有在 MAC 地址表中查找到目的 MAC 地址，通常(　　)处理。

A. 把以太网帧复制到所有端口

B. 把以太网帧单点传送到特定端口

C. 把以太网帧发送到除本端口以外的所有端口

D. 丢弃该帧

7. 以太网交换机中的端口/MAC 地址映射表(　　)。

A. 是由交换机的生产厂商建立的

B. 是交换机在数据转发过程中通过学习动态建立的

C. 是由网络管理员建立的

D. 是由网络用户利用特殊的命令建立的

8. 下列属于星形拓扑的优点的是(　　)。

A. 中心结点即使出现故障也不会影响全网　B. 耗费的电缆少

C. 中心结点不复杂，负担较轻　　　　　　D. 故障诊断容易

9. 在总线形拓扑网络中，每次可以发送信号的设备数目为(　　)。

A. 1 个　　　　　　B. 3 个　　　　　　C. 2 个　　　　　　D. 任意多个

10. 以下属于总线形拓扑结构缺点的是(　　)。

A. 扩展困难　　　　B. 故障诊断困难　　　C. 依赖于中央结点　D. 电缆长度短

二、填空题

1. 现在的局域网最普遍使用的拓扑结构是 ＿＿＿＿＿＿＿＿＿＿＿＿＿＿ 。

2. 星状拓扑结构的网络属于集中控制型网络，整个网络由 ＿＿＿＿＿＿＿＿＿＿ 执

行集中式通行控制管理。

3. 交换机的三种交换方式有直通式、＿＿＿＿＿＿＿＿＿＿和碎片隔离。

4. 交换机的基本功能包括＿＿＿＿＿＿＿、帧转发及过滤、环路避免。

三、简答题

简述星状拓扑结构的优缺点。

项目 ③

无线局域网组建

3.1 应用场景

随着企业规模的扩大，企业办公空间也逐步变大，原先部署的有线网络要拓展到扩大的办公空间往往需要增购交换设备、做布线工程等。更好的方式是使用无线网络覆盖，但为了方便企业内部资源相互共享，希望无线网络与原有的有线网络同属一个局域网，李先生现迫切需要解决这个问题。

3.2 解决方案

企业原有的有线网络需要通过无线设备进行延伸，且要求无线网络与原有的有线网络同属一个局域网，可以通过在有线网络中接入无线 AP 来实现。现在市面上更多的无线设备是多功能且更智能的，很多主流的无线路由器设备本身就兼备无线 AP 功能，如 TP - LINK TL - WR2041 + 450 M 无线路由器，可以配置成无线 AP 使用，而且速度快稳定性高。

解决方案如图 3 - 1 所示。

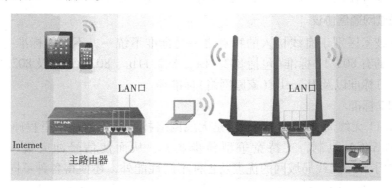

图 3 - 1　方案图

3.3 相关知识

3.3.1 无线局域网概述

1. 无线局域网概念

无线局域网(Wireless Local Area Network，WLAN)是在一定的局部范围内建立的网络，是计算机网络与无线通信技术相结合的产物。它以无线电波信号作为传输介质，提供传统有线局域网的功能，并能使用户实现随时、随地的网络接入。之所以称其是局域网，是因为受到无线连接设备与计算机之间距离的限制而影响传输范围，必须在区域范围内才可以组网。

通常计算机组网的传输媒介主要依赖铜缆或光缆，构成有线局域网。但有线网络在某些场合要受到布线的限制：布线、改线工程量大；线路容易损坏；网中的各结点不可移动。特别是当要把相离较远的结点连接起来时，敷设专用通信线路的布线施工难度大、费用高、耗时长，对正在迅速扩大的联网需求形成了严重的瓶颈阻塞。无线局域网就是解决有线网络以上的问题而出现的。

无线局域网覆盖范围一般视环境而定，如一般标准不加天线，在室内开放空间覆盖范围约为 100～250 m；在办公室等半开放空间覆盖范围约为 35～50 m；在室外则视建筑物间隔、材质及遮蔽情况而定，覆盖范围最远可达 20 km。

无线局域网在能够给网络用户带来便捷和实用的同时，也存在一些缺陷。无线局域网的不足之处体现在以下几个方面：

（1）性能。无线局域网是依靠无线电波进行传输的。这些电波通过无线发射装置进行发射，而建筑物、车辆、树木和其他障碍物都可能阻碍电磁波的传输，所以会影响网络的性能。

（2）速率。无线信道的传输速率与有线信道相比要低得多。目前，无线局域网的传输速率与有线局域网相比还有很大差距，只适合于个人终端和小规模网络应用。

（3）安全性。本质上无线电波不要求建立物理的连接通道，无线信号是发散的。从理论上讲，很容易监听到无线电波广播范围内的任何信号，造成通信信息泄漏。

虽然无线网络优点众多，但其缺点也显而易见，因此不能完全取代有线网络，有线网络与无线网络配合使用，各自发挥优点，优势互补，才是最好的办法。

2. 无线局域网通信协议

无线接入技术区别于有线接入的特点之一是标准不统一，不同的标准有不同的应用。目前比较流行的有 802.11 标准（包括 802.11a、802.11b、802.11g、及 802.11n 等标准）、蓝牙（Bluetooth）标准以及 HomeRF（家庭网络）标准等。

（1）802.11 标准

IEEE 802.11 无线局域网标准的制定是无线网络技术发展的一个里程碑。IEEE 802.11 标准采用 CSMA/CA 机制，支持竞争型异步业务，从而使信号冲突概率减少到最小。802.11 标准除了介绍无线局域网的优点及各种不同性能外，还使得各种不同厂商的无线产品得以互联。另外，标准使核心设备执行单芯片解决方案，降低了无线局域网的造价。802.11 标准的颁布，使得无线局域网在各种有移动要求的环境中被广泛接受。它是无线局域网目前最常用的传输协议，各个公司都有基于该标准的无线网卡产品。不过由于 802.11 速率最高只能达到 2 Mbit/s，在传输速率上不能满足人们的需要，因此，IEEE 小组又相继推出了 802.11b 和 802.11a 两个标准。

802.11b 标准采用一种新的调制技术，使得传输速率能根据环境变化，它采用 2.4 GHz 直接序列扩频，最大数据传输速率为 11 Mbit/s，无须直线传播。动态速率转换当射频情况变差时，可将数据传输速率降低为 5.5 Mbit/s、2 Mbit/s 和 1 Mbit/s。支持的范围是在室外为 300 m，在办公环境中最长为 100 m。802.11b 使用与以太网类似的连接协议和数据包确认，来提供可靠的数据传送和网络带宽的有效使用。

802.11a 标准是已在办公室、家庭、宾馆、机场等众多场合得到广泛应用的 802.11b 无线局域网标准的后续标准。802.11a 标准的传输更惊人，传输速度可达 25 Mbit/s，完全能满足语音、数据、图像等业务的需要。

随着无线 IEEE 802.11 标准深入人心，制造商开始寻求为以太网平台提供更为快速的协议和配置。而蓝牙产品和无线局域网（802.11b）产品的逐步应用，解决两种技术之间的干扰问题显得日益重要。为此，IEEE 成立了无线局域网任务工作组，专门从事无线局域网 802.11g 标准的制定，力图解决这一问题。802.11g 其实是一种混合标准，它既能适应传统的 802.11b 标准，在 2.4 GHz 频率下提供每秒 11 Mbit/s 数据传输率，也符合 802.11a 标准在 5 GHz 频率下提供 56 Mbit/s 数据传输率。随后的 802.11n 则把数据传输率再次提高了 10 倍。802.11n 是在 802.11g 和 802.11a 之上发展起来的一项技术，最大的特点是速率提升，理论速率最高可达 600 Mbit/s（目前业界主流为 300 Mbit/s）。802.11n 可工作在 2.4 GHz 和 5 GHz 两个频段。

（2）蓝牙标准

蓝牙（IEEE 802.15）是一项新标准，对于 802.11 来说，它的出现不是为了竞争而是相互补充。"蓝牙"是一种极其先进的大容量近距离无线数字通信的技术标准，其目标是实现最高数据传输速度 1 Mbit/s（有效传输速率为 721 kbit/s）、最大传输距离为 10 cm ~ 10 m，通过增加发射功率可达到 100 m。蓝牙比 802.11 更具移动性，比如，802.11 限制在办公室和校园内，而蓝牙却能把一个设备连接到局域网和广域网，甚至支持全球漫游。此外，蓝牙成本低、体积小，可用于更多的设备。"蓝牙"最大的优势还在于，在更新网络骨干时，如果搭配"蓝牙"架构进行，使用整体网络的成本肯定比铺设线缆低。

（3）家庭网络的 HomeRF 标准

HomeRF 主要为家庭网络设计，是 IEEE 802.11 与数字无绳电话标准的结合，旨在降低语音数据成本。HomeRF 也采用了扩频技术，工作在 2.4 GHz 频带，能同步支持 4 条高质量语音信道。但目前 HomeRF 的传输速率只有 1 ~ 2 Mbit/s，美国联邦通信委员会建议增加到 10 Mbit/s。

3.3.2　无线网络接入设备

1. 无线网卡

无线网卡的作用与有线网卡类似，主要分为 PCI 卡、MINI – PCI 卡、USB 卡和笔记本专用的 PCMCIA 卡四类，图 3 – 2 所示为无线局域网卡。

无线网卡现在主要有两类，一类为无线局域网卡，一类为无线广域网卡。前者要和无线路由器结合使用，后者要到移动、联通或电信开通服务。在外观上两者主要的区别在于广域网卡多了插 SIM 卡的插槽。

PCI 接口无线网卡

Mini – PCI 接口无线网卡

USB 无线网卡

PCMCIA 接口无线网卡

图 3 – 2　无线局域网卡

2. 接入点

接入点(Access Point, AP)的作用相当于局域网集线器。它在无线局域网和有线网络之间接收、缓冲存储和传输数据,以支持一组无线用户设备。接入点通常是通过标准以太网线连接到有线网络上,并通过天线与无线设备进行通信。在有多个接入点时,用户可以在接入点之间漫游切换。接入点的有效范围是 20 ~ 500 m。根据技术、配置和使用情况,一个接入点可以支持 15 ~ 250 个用户,通过添加更多的接入点,可以比较轻松地扩充无线局域网,从而减少网络拥塞并扩大网络的覆盖范围。

室内无线 AP 如图 3 – 3(a)所示,室外无线 AP 如图 3 – 3(b)所示。

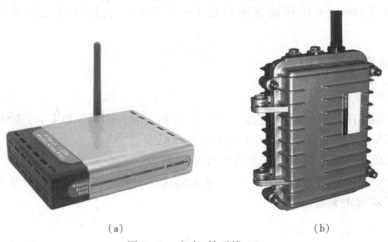

(a)　　　　　　　　　　　　　　　　(b)

图 3 – 3　室内/外无线 AP

3. 无线路由器

无线路由器集成了无线 AP 和宽带路由器的功能，它不仅仅具备 AP 的无线接入功能，通常还支持 DHCP、防火墙、WEP 加密、网络地址转换（NAT）功能，支持局域网用户的网络连接共享。

市面上大多数无线宽带路由器都有一个 WAN 口和四个以上的 LAN 口，可作为有线宽带路由器使用，如图 3 -4所示。

图 3 - 4　无线路由器

4. 天线

在无线网络中，天线可起到增强无线网络信号的作用，可以把它理解为无线信号放大器。天线对空间的不同方向有不同的辐射或接收能力，根据方向的不同，可将天线分为定向天线和全向天线。

（1）定向天线

定向天线是指在某一个或某几个特定方向上发射及接收电磁波特别强，而在其他的方向上发射及接收电磁波则为零或极小的一种天线。采用定向发射天线的目的是增加辐射功率的有效利用率，增加保密性，采用定向发射天线的主要目的是增强信号强度增加抗干扰能力。图 3 -5（a）所示为一款定向天线。

（2）全向天线

全向天线即在水平方向图上表现为 360°都均匀辐射，也就是平常所说的无方向性，在垂直方向图上表现为有一定宽度的波束，一般情况下波瓣宽度越小，增益越大。全向天线在通信系统中一般应用距离近，覆盖范围大，价格便宜。增益一般在 9 dB 以下。图 3 -5（b）所示为一款全向天线。

（a）

（b）

图 3 - 5　天线

3.4　项目实施

企业原本的有线网络通过主路由器连接 Internet 上网，主路由器上有多个 LAN 口，企业内部使用 192.168.1.0/24 网段，网关为 192.168.1.1。现新接入的无线路由器将作为无线 AP 使用，无线路由器的 WAN 口是用不上的。整个项目实施过程，是两个操作，一是无线路由器设置，二是无线路由器接入主路由器。为避免 IP 地址冲突，无线路由器设置完成前是不连接到主路由器的。

3.4.1　设置无线路由器

接通无线路由器电源，将一台计算机连接到无线路由器的一个 LAN 口。

1. 登录无线路由器

将计算机的 IP 设置为 192.168.1.100/24，然后在计算机上使用浏览器，输入网址 http://192.168.1.1 并进入无线路由器管理界面（见图 3 -6）。

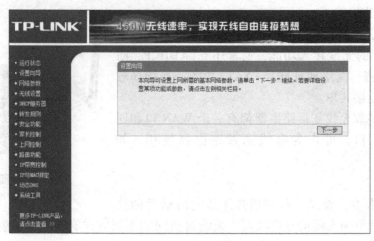

图 3 - 6　无线路由器管理界面

2. 修改无线信号

进入"无线设置"→"基本设置"选项，在"SSID 号"中设置无线网络名称，单击"保存"按钮(见图 3 - 7)。

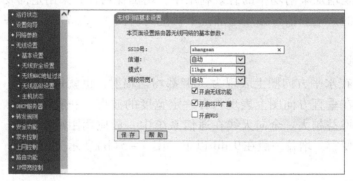

图 3 - 7　修改无线信号

进入"无线安全设置"选项，选择"WPA - PSK/WPA2 - PSK"单选按钮，并在"PSK 密码"中设置不小于 8 位的无线密码，单击"保存"按钮(见图 3 - 8)。

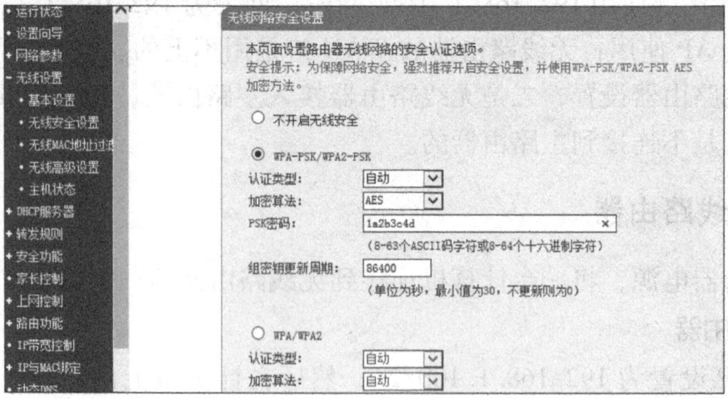

图 3 - 8　设置密码

3. 关闭 DHCP 服务器

进入"DHCP 服务器"→"DHCP 服务"选项，选择"不启用"单击按钮，单击"保存"按钮（见图 3 – 9）。

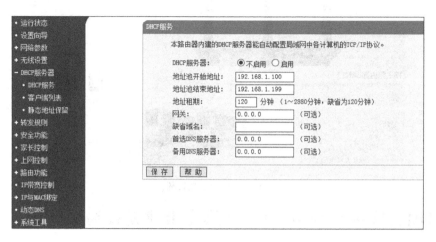

图 3 – 9　关闭 DHCP 服务器

4. 修改管理地址

进入"网络参数"→"LAN 口设置"选项，将"IP 地址"修改为与主路由器的 LAN 口 IP 在同一网段但不冲突（见图 3 – 10）。保存并重启路由器。

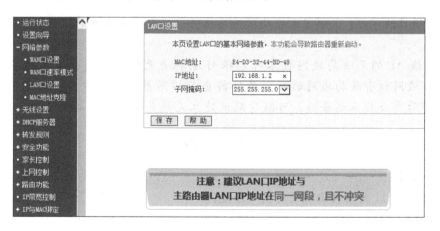

图 3 – 10　修改管理地址

3.4.2　连接上网

将无线路由器的任意一个 LAN 口与前端路由器的任一个 LAN 口连接。需要上网的台式机可以连接任意 LAN 口上网，无线终端搜索到设置好的无线信号即可上网（见图 3 – 11）。

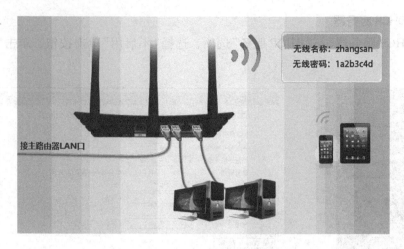

图 3-11　连接上网

3.5　【项目实训】利用 Wi-Fi 热点组建无线局域网

本实训要求使用一台 4G 安卓手机和两台笔记本电脑，由安卓手机创建热点 AP 并开启 4G 移动数据功能，两台笔记本电脑通过 Wi-Fi 连接安卓手机 AP，实现 Internet 访问和相互访问共享资源。

项 目 小 结

通过本项目的学习，了解了无线局域网通信协议、无线局域网的概念以及无线局域网的组网方式。

基于无线 AP 的无线局域网技术可以很好地解决无线局域网接入有线局域网的问题，无线局域网和有线局域网的融合是目前企业组网最常见的方案。而随着移动网络的发展，移动办公越来越普遍，可随时随地建立无线局域网，并能快速访问 Internet。

习 题

一、选择题

1. IEEE 802.11 标准按出现的时间顺序是(　　)。

A. IEEE 802.11a、IEEE 802.11b、IEEE 802.11g、IEEE 802.11n

B. IEEE 802.11b、IEEE 802.11a、IEEE 802.11g、IEEE 802.11n

C. IEEE 802.11b、IEEE 802.11a、IEEE 802.11n、IEEE 802.11g

D. IEEE 802.11a、IEEE 802.11b、IEEE 802.11n、IEEE 802.11g

2. 下列(　　)不属于无线网卡的接口类型。

A. PCI　　　　　　　B. PCMCIA　　　　　C. IEEE 1394　　　　D. USB

3. 无线局域网 WLAN 传输介质是(　　)。

A. 无线电波　　　　　B. 红外线　　　　　　C. 载波电流　　　　D. 卫星通信

4. IEEE 802.11b 射频调制使用直接序列扩频调制技术，最高数据速率达(　　)。

A. 108 Mbit/s　　　B. 54 Mbit/s　　　C. 24 Mbit/s　　　D. 11 Mbit/s

5. 无线局域网的最初协议是(　　)。

A. IEEE 802.11　　　B. IEEE 802.5　　　C. IEEE 802.3　　　D. IEEE 802.1

二、填空题

1. IEEE 802.11 标准采用_____机制，支持竞争型异步业务，从而使信号冲突概率减少到最小。

2. 采用定向发射天线的主要目的是增强_____、增加抗干扰能力。

3. IEEE 802.11n 标准使用双频段 2.4 GHz 和 5 GHz，理论传输速率可以达到_____。

三、简答题

简述无线局域网的不足。

项目 4

常用的网络命令

4.1 应用场景

对于企业网管来说，遇到网络故障是不可避免的事情。面对稀奇古怪的网络故障，该如何着手排除呢？既可以借助一些专业工具快速找到故障原因，以便及时采取措施进行针对性应对，也可以借助简单实用的网络命令，从使用 ping 命令开始，手动逐步排查故障原因。

4.2 解决方案

常用的网络命令都是网管的好帮手，熟悉常见的通信协议，利用好各种常用的网络命令如 ping、ipconfig、netstat、tracert、route、arp 等。

4.3 相关知识

4.3.1 TCP 协议简介

TCP（传输控制协议）是一系列规则的集合，它和网际协议（IP）共同使用，通过互联网在计算机之间以信息单元的形式发送数据。IP 协议控制实际的数据传输，TCP 协议主要负责追踪在互联网上传送的信息所划分的各个数据单元（包）。TCP 协议是面向连接的协议，就是说在两端传送信息时，连接是一直建立和保持的。TCP 协议负责把信息划分成 IP 协议所能够处理的，也能把接收到的包拼成一个完整的信息。在开放式系统互连（OSI）通信模型中，TCP 协议位于第四层传输层中。

TCP/IP 是 Internet/Intranet 使用的协议体系，也是大多数网络采用的协议。这里主要阐述有关 TCP 协议如何应用于传输数据及数据传输的详细过程解析。

1. TCP/IP 协议概述

TCP/IP 协议（Transmission Control Protocol/Internet Protocol）称为传输控制/网际协议，又称网络通信协议，这个协议是 Internet 国际互联网络的基础。TCP/IP 是网络中使用的基本通信协议。虽然从名字上看 TCP/IP 包括两个协议，即传输控制协议（TCP）和网际协议（IP），但 TCP/IP 实际上是一组协议，它包括上百个各种功能的协议，如远程登录、文件传输和电子邮件等，而 TCP 协议和 IP 协议是保证数据完整传输的两个基本的重要协议。通常说 TCP/IP 是 Internet 协议族，而不单单是 TCP 和 IP。TCP/IP 协议使用范围极广，是目前异种网络通信使用的唯一协议体系，适用于连接多种机型，既可用于局域网，又可用于广域网，许多厂商的计算机操作系统和网络操作系统产品都采用或含有 TCP/IP 协议。TCP/IP 协议已成为目前事实上的国际标准和工业标准。

2. TCP 报文格式

TCP 报文的格式如图 4 – 1 所示。

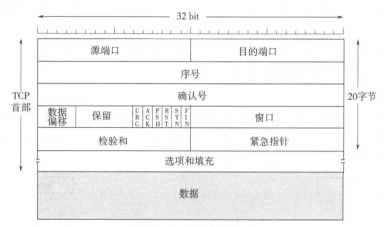

图 4 – 1　TCP 报文格式

TCP 报文各字段的含义如下：

(1)源端口和目的端口：各占 2 B，是运输层与应用层的服务接口。

(2)序号：占 4 B。TCP 连接传送的数据流中的每一个字节都被编上一个序号。首部中序号字段的值指的是本报文段所发送的数据的第一个字节的序号。

(3)确认号：占 4 B，是期望收到对方下一个报文段的数据的第一个字节的序号。

(4)数据偏移：占 4 B，它指出报文段的数据起始处距离 TCP 报文段的起始处有多远。实际上就是 TCP 报文段首部的长度。

(5)保留：占 6 B，保留为今后使用，目前置为"0"。

(6)标志位：共 6 个，即 URG、ACK、PSH、RST、SYN、FIN 等。

① URG：当 URG = 1 时，表明紧急指针有效。它告诉系统报文段中有紧急数据，应尽快传送。

② ACK：ACK = 1 时确认号字段才有效，ACK = 0 时确认号字段无效。

③ PSH：接收方接收到 PUSH = 1 的报文段时会尽快的将其交付给接收应用进程，而不再等到整个接收缓存都填满后再向上交付。

④ RST：当 RST = 1 时，表明 TCP 连接中出现严重差错，必须释放连接。复位比特还用来拒绝一个非法的报文段或拒绝打开一个连接。

⑤ SYN：在连接建立时用来同步序号。当 SYN = 1 而 ACK = 0 时，表明这是一个连接请求报文段。对方若同意建立连接，应在响应的报文段中使 SYN = 1 和 ACK = 1。因此，SYN = 1 就表示这是一个连接请求或连接接收报文。

⑥ FIN：当 FIN = 1 时，表明此报文段的发送端的数据已发送完毕，并要求释放运输连接。

（7）窗口：占 2 B，用来控制对方发送的数据量，单位是字节，指明对方发送窗口的上限。

（8）校验和：占 2 B，校验的范围包括首部和数据两个部分，计算校验和时需要在报文段前加上 12 字节的伪首部。

（9）紧急指针：占 2 B，当前序号到紧急数据位置的偏移量。

（10）选项：用于提供一种增加额外设置的方法，如连接建立时，双方说明最大的负载能力。

（11）填充：当"选项"字段长度不足 4 B，需要加以填充。

（12）数据：来自应用层的协议数据。

3. 三次握手

所谓三次握手（Three – Way Handshake）即建立 TCP 连接，就是指建立一个 TCP 连接时，需要客户端和服务端总共发送三个包以确认连接的建立。在 socket 编程中，这一过程由客户端执行 connect 来触发，整个流程如图 4 – 2 所示。

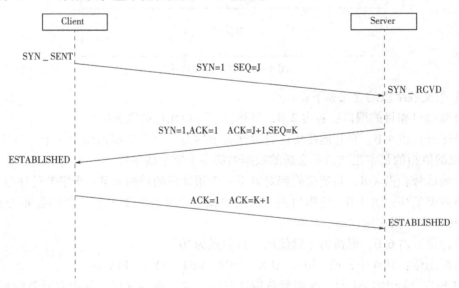

图 4 – 2   三次握手流程

（1）第一次握手：Client 将标志位 SYN 置为 1，随机产生一个值 SEQ = J，并将该数据包发送给 Server，Client 进入 SYN _ SENT 状态，等待 Server 确认。

（2）第二次握手：Server 收到数据包后由标志位 SYN = 1 知道 Client 请求建立连接，Server 将标志位 SYN 和 ACK 都置为 1，ACK = J + 1，随机产生一个值 SEQ = K，并将该数据包发送给 Client 以确认连接请求，Server 进入 SYN _ RCVD 状态。

（3）第三次握手：Client 收到确认后，检查 ACK 是否为 J + 1，ACK 是否为 1，如果正确则将标志位 ACK 置为 1，ACK = K + 1，并将该数据包发送给 Server，Server 检查 ACK 是否为 K + 1，ACK 是否为 1，如果正确则连接建立成功，Client 和 Server 进入 ESTABLISHED 状态，完成三次握手，随后 Client 与 Server 之间可以开始传输数据了。

4. SYN 攻击

在三次握手过程中，Server 发送 SYN 和 ACK 之后，收到 Client 的 ACK 之前的 TCP 连接称为半连接(half‑open connect)，此时 Server 处于 SYN_RCVD 状态，当收到 ACK 后，Server 转入 ESTABLISHED 状态。SYN 攻击就是 Client 在短时间内伪造大量不存在的 IP 地址，并向 Server 不断地发送 SYN 包，Server 回复确认包，并等待 Client 的确认，由于源地址是不存在的，因此，Server 需要不断重发直至超时，这些伪造的 SYN 包将长时间占用未连接队列，导致正常的 SYN 请求因为队列满而被丢弃，从而引起网络堵塞甚至系统瘫痪。SYN 攻击是一种典型的 DDOS 攻击，检测 SYN 攻击的方式非常简单，即当 Server 上有大量半连接状态且源 IP 地址是随机的，即可断定是遭到 SYN 攻击。

5. 四次挥手

所谓四次挥手(Four‑Way Wavehand)即终止 TCP 连接，就是指断开一个 TCP 连接时，需要客户端和服务端总共发送四个包以确认连接的断开。整个流程如图 4‑3 所示。

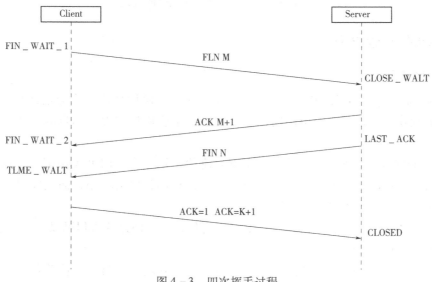

图 4‑3 四次挥手过程

由于 TCP 连接是全双工的，因此，每个方向都必须要单独进行关闭，这一原则是当一方完成数据发送任务后，发送一个 FIN 来终止这一方向的连接，收到一个 FIN 只是意味着这一方向上没有数据流动，即不会再收到数据，但是在这个 TCP 连接上仍然能够发送数据，直到这一方向也发送了 FIN。首先进行关闭的一方将执行主动关闭，而另一方则执行被动关闭，上图描述的即是如此。

（1）第一次挥手：Client 发送一个 FIN，用来关闭 Client 到 Server 的数据传送，Client 进入 FIN_WAIT_1 状态。

（2）第二次挥手：Server 收到 FIN 后，发送一个 ACK 给 Client，确认序号为收到序号 + 1（与 SYN 相同，一个 FIN 占用一个序号），Server 进入 CLOSE_WAIT 状态。

（3）第三次挥手：Server 发送一个 FIN，用来关闭 Server 到 Client 的数据传送，Server 进入 LAST _ ACK 状态。

（4）第四次挥手：Client 收到 FIN 后，Client 进入 TIME _ WAIT 状态，接着发送一个 ACK 给 Server，确认序号为收到序号 +1，Server 进入 CLOSED 状态，完成四次挥手。

上面是一方主动关闭，另一方被动关闭的情况，实际中还会出现同时发起主动关闭的情况，具体流程如图 4 – 4 所示。

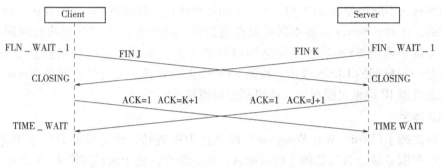

图 4 – 4 同时发起主动关闭时的流程

4.3.2 UDP 协议简介

1. UDP 的特点

RFC768 定义的 UDP 是为实现数据报模式的分组交换计算机网络通信而设计的。UDP 对应用进程提供了用最简化的机制向网络上的另一个应用进程发送消息的方法。UDP 提供无连接的、不可靠的数据报服务。

UDP 是面向数据报的传输协议。由于没有流的记录能力，UDP 无法记录数据位于流中的确切位置，因此不能像面向流的传输协议一样自动调整段的大小，而只能对应用进程的每个输出消息产生一个 UDP 数据报。

UDP 也采取端口号来标识这些上层的应用进程，从而使这些进程可以复用网络通道。

总的说来，UDP 的特点如下：

（1）UDP 是无连接的。UDP 传送数据前并不与对方建立连接，在传输数据前，发送方和接收方进程需自行相互交换信息使双方同步。

（2）UDP 不对收到的数据进行排序。在 UDP 报文的首部中并没有关于数据顺序的信息（如 TCP 所采取的序列号），由于 IP 报文不一定按顺序达到，所以接收端无从排序。

（3）UDP 对接收到的数据包不发送确认，发送端不知道数据是否被正确接收，也不会重发数据。

（4）UDP 传送数据较 TCP 快速，系统开销也少。

（5）UDP 缺乏拥塞控制机制，需要基于网络的机制来减小因失控和高速 UDP 流量负荷而导致的拥塞崩溃效应。换句话说，因为 UDP 发送者不能够检测拥塞，所以像使用包队列和丢弃技术的路由器这样的网络基本设备往往就成为降低 UDP 过大通信量的有效工具。

2. UDP 封装

UDP 收到应用层提交的数据后，将其分段，并在每个分段前封装一个 UDP 头。最终的

IP 包是在 UDP 头之前再添加 IP 头形成的。IP 用协议号 16 标识 UDP。UDP 数据段格式如图 4 - 5 所示。

图 4 - 5 UDP 数据段格式

由于功能简单，UDP 头相对于 TCP 头简化了很多。UDP 头包含以下字段：

(1)源端口：16 位的源端口号，含义与 TCP 相同。

(2)目的端口：16 位的目的端口号，含义与 TCP 相同。

(3)16 位的长度字段，表示包括 UDP 头和数据在内的整个 UDP 数据报的长度，单位为字节。

(4)校验和：16 位的错误检查字段，根据部分 IP 头信息、UDP 头和载荷数据的内容计算得到，用于检测传输过程中出现的错误。

3. UDP 基本工作过程

当应用进程有报文需要通过 UDP 发送时，它就将此报文传送给执行 UDP 协议的传输实体。UDP 传输实体将用户数据加上 UDP 报头，形成 UDP 用户数据报。在 UDP 数据报上增加 IP 报头，形成 IP 分组，传送给数据链路层。数据链路层在 IP 分组上增加帧头与帧尾，形成一个帧，再通过物理层发送出去。由于 UDP 是一种无连接服务协议，因此它没有传输连接建立的过程，只需将 UDP 数据报传送给网络层。网络层执行 IP 协议，选择该数据报的传输路径。

当该帧到达目标主机后，数据链路层、网络层按照协议进行检查。如果没有发现差错，UDP 协议将对用户数据报进行检查。如果没有差错，按照目的端口号，将数据传送给接收端进程，从而完成源与目的进程之间的数据交换功能。

UDP 用户数据报传输队列是与 UDP 端口相关联的。当主机运行 TCP/IP 协议族时，可能会有多个进程想要使用 UDP 服务。多个进程可以用不同的端口来区别，每个进程都分配一个端口号，UDP 就可以通过复用和分用来处理多个进程接收用户数据报。发送端的 UDP 协议处理多个进程的用户数据报称为 UDP 复用，接收端根据接收的每个进程的端口号分别处理称为 UDP 分用。在加上 UDP 报头之后，UDP 将用户数据报发送给网络层。此过程如图 4 - 6 所示。

Internet 号码分配局(IANA)定义的 UDP 端口号分为三类：熟知端口号、注册端口号和临时端口号。由于端口号长度为 16，因此端口号是在 0 ~ 65 536 之间的整数。熟知端口号又称公认端口号，范围为 0 ~ 1 023，它被统一分配和控制。注册端口号的范围为 1 024 ~ 49 151，用户可根据需要在 IANA 注册，以防止重复。临时端口号由运行在客户主机上的 UDP 软件随意选取，范围为 49 152 ~ 65 535，它们可由任何进程来使用。

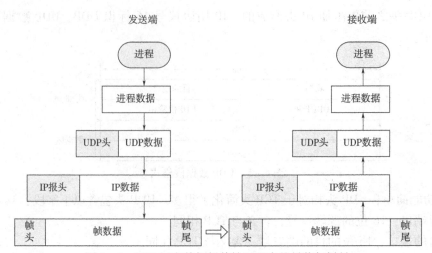

图 4 - 6   UDP 用户数据报传输过程中的封装与拆封

4.3.3   ARP 协议简介

当用户在浏览器里面输入网址时，DNS 服务器会自动把它解析为 IP 地址，浏览器实际上查找的是 IP 地址而不是网址。那么 IP 地址是如何转换为第二层物理地址(即 MAC 地址)的? 在局域网中，这是通过 ARP 协议来完成的。ARP 协议对网络安全具有重要意义。通过伪造 IP 地址和 MAC 地址实现 ARP 欺骗，能够在网络中产生大量的 ARP 通信量使网络阻塞。

ARP(Address Resolution Protocol)是以太网上的地址转换协议。

1. ARP 协议的工作原理

首先，在每台安装有 TCP/IP 协议的计算机中都有一个 ARP 缓存表，表里的 IP 地址与 MAC 地址是一一对应的。

当源主机需要将一个数据包发送到目标主机时，会首先检查自己 ARP 列表中是否存在该 IP 地址对应的 MAC 地址，如果有，就直接将数据包发送到这个 MAC 地址; 如果没有，就向本地网段发起一个 ARP 请求的广播包(ARP request)，目标 MAC 地址是"FF. FF. FF. FF. FF. FF"，查询此目标主机对应的 MAC 地址。此 ARP 请求数据包中包括源主机的 IP 地址、硬件地址以及目标主机的 IP 地址。网络中所有的主机收到这个 ARP 请求后，会检查数据包中的目的 IP 是否和自己的 IP 地址一致。如果不相同就忽略此数据包; 如果相同，该主机首先将发送端的 MAC 地址和 IP 地址添加到自己的 ARP 列表中，如果 ARP 表中已经存在该 IP 的信息，则将其覆盖，然后给源主机发送一个 ARP 响应数据包，告诉对方自己是它需要查找的 MAC 地址; 源主机收到这个 ARP 响应数据包后，将得到的目标主机的 IP 地址和 MAC 地址添加到自己的 ARP 列表中，并利用此信息开始数据的传输。如果源主机一直没有收到 ARP 响应数据包，表示 ARP 查询失败。

例如，主机 A 的 IP 地址为 192.168.1.5，MAC 地址为 00 - 00 - AA - AA - AA - AA; 主机 B 的 IP 地址为 192.168.1.1，MAC 地址为 00 - 00 - BB - BB - BB - BB。现以主机 A 向主机 B 发送数据为例，说明 ARP 的工作过程。当发送数据时，主机 A 会在自己的 ARP 缓

存表中寻找是否有目标 IP 地址。如果找到了，也就知道了目标 MAC 地址，直接把目标 MAC 地址写入帧中发送即可；如果在 ARP 缓存表中没有找到相对应的 IP 地址，主机 A 就会在网络上发送一个广播，目标 MAC 地址是"FF. FF. FF. FF. FF. FF"，这表示向同一网段内的所有主机发出这样的询问："192. 168. 1. 1 的 MAC 地址是什么？"网络上其他主机并不响应 ARP 询问，只有主机 B 接收到这个帧时，才向主机 A 做出这样的回应："192. 168. 1. 1 的 MAC 地址是 00 – 00 – BB – BB – BB – BB"。这样，主机 A 就知道了主机 B 的 MAC 地址，它就可以向主机 B 发送信息。同时它还更新了自己的 ARP 缓存表，下次再向主机 B 发送信息时，直接从 ARP 缓存表中查找即可。ARP 缓存表采用了老化机制，在一段时间内如果表中的某一行没有使用，就会被删除，这样可大大减少 ARP 缓存表的长度，加快查询速度。

2. ARP 攻击

ARP 攻击就是通过伪造 IP 地址和 MAC 地址实现 ARP 欺骗，能够在网络中产生大量的 ARP 通信量使网络阻塞，攻击者只要持续不断的发出伪造的 ARP 响应包就能更改目标主机 ARP 缓存中的 IP – MAC 条目，造成网络中断或网络攻击。

ARP 攻击主要是存在于局域网网络中，局域网中若有一台计算机感染 ARP 木马，则感染该 ARP 木马的系统将会试图通过"ARP 欺骗"手段截获所在网络内其他计算机的通信信息，并因此造成网内其他计算机的通信故障。

第一种 ARP 欺骗的原理是——截获网关数据。它通知路由器一系列错误的内网 MAC 地址，并按照一定的频率不断进行，使真实的地址信息无法通过更新保存在路由器中，结果路由器的所有数据只能发送给错误的 MAC 地址，造成正常 PC 无法收到信息。第二种 ARP 欺骗的原理是——伪造网关。它的原理是建立假网关，让被它欺骗的 PC 向假网关发送数据，而不是通过正常的路由器途径上网。在 PC 看来，就是上不了网了，即"网络掉线了"。

3. 遭受 ARP 攻击的现象

ARP 欺骗木马的中毒现象表现为：使用局域网时会突然掉线，过一段时间后又会恢复正常。比如客户端状态频频变红，用户频繁断网，IE 浏览器频繁出错，以及一些常用软件出现故障等。如果局域网中是通过身份认证上网的，会突然出现可认证但不能上网的现象（无法 ping 通网关），重启机器或在 MS – DOS 窗口下运行命令 arp – d 后，又可恢复上网。

ARP 欺骗木马只要成功感染一台计算机，就可能导致整个局域网都无法上网，严重的甚至可能带来整个网络的瘫痪。该木马发作时除了会导致同一局域网内的其他用户上网出现时断时续的现象外，还会窃取用户密码。如盗取 QQ 密码、盗取各种网络游戏密码和账号去做金钱交易，盗窃网上银行账号来做非法交易活动等，这是木马的惯用伎俩，给用户造成了很大的不便和巨大的经济损失。

4.4　项目实施

4.4.1　使用连通性测试命令 ping

1. ping 命令概述

ping 是个使用频率极高的实用程序，用于确定本地主机是否能与另一台主机交换数据报。根据返回的信息就可以推断 TCP/IP 参数是否设置得正确以及运行是否正常。需要注意的是：成功地与另一台主机进行一次或两次数据报交换并不表示 TCP/IP 配置就是正确的，必须执行大量的本地主机与远程主机的数据报交换，才能确信 TCP/IP 的正确性。

简单的说，ping 就是一个测试程序，如果 ping 运行正确，大体上就可以排除网络访问层、网卡、Modem 的输入/输出线路、电缆和路由器等存在的故障，从而减小问题的范围。但由于可以自定义所发数据报的大小及无休止的高速发送，ping 也被某些别有用心的人作为 DDOS 的工具，例如许多大型的网站就是被黑客利用数百台可以高速接入互联网的计算机连续发送大量 ping 数据报而瘫痪的。

按照默认设置，Windows 上运行的 ping 命令发送 4 个 ICMP 回送请求，每个 32 字节数据，如果一切正常，应能得到四个回送应答。ping 能够以毫秒(ms)为单位显示发送回送请求到返回回送应答之间的时间。如果应答时间短，表示数据报不必通过太多的路由器或网络连接速度比较快。ping 还能显示 TTL 值，可以通过 TTL 值推算一下数据包已经通过了多少个路由器：源地点 TTL 起始值(就是比返回 TTL 略大的一个 2 的乘方数) − 返回时 TTL 值。例如，返回 TTL 值为 119，那么可以推算数据报离开源地址的 TTL 起始值为 128，而源地点到目标地点要通过 9 个路由器网段(128 ~ 119)；如果返回 TTL 值为 246，TTL 起始值就是 256，源地点到目标地点要通过 9 个路由器网段。

2. 通过 ping 检测网络故障的典型次序

正常情况下，当使用 ping 命令来查找问题所在或检验网络运行情况时，需要使用许多 ping 命令，如果所有都运行正确，就可以相信基本的连通性和配置参数没有问题；如果某些 ping 命令出现运行故障，它也可以指明到何处去查找问题。下面就给出一个典型的检测次序及对应的可能故障：

(1) ping 127.0.0.1

127.0.0.1 是本地回环地址，如果本地址无法 ping 通，则表明本地机 TCP/IP 协议不能正常工作。

(2) ping 本机 IP

这个命令发送的数据包被送到本地计算机所配置的 IP 地址，本机始终都应该对该 ping 命令做出应答，如果没有，则表示本地配置或安装存在问题。出现此问题时，局域网用户请断开网络电缆，然后重新发送该命令。如果网线断开后本命令正确，则表示另一台计算机可能配置了相同的 IP 地址。

(3) ping 局域网内其他 IP

这个命令发送的数据包应该离开本地主机，经过网卡及网络电缆到达其他计算机，再返回。收到回送应答表明本地网络中的网卡和载体运行正确。但如果收到 0 个回送应答，则表示子网掩码(进行子网分割时，将 IP 地址的网络部分与主机部分分开的代码)不正确或网卡配置错误或电缆系统有问题。

(4) ping 网关 IP

这个命令如果应答正确，表示局域网中的网关路由器正在运行并能够做出应答。

(5) ping 远程 IP

如果收到四个应答，表示成功地使用了默认网关。对于拨号上网用户则表示能够成功的访问 Internet(但不排除 ISP 的 DNS 会有问题)。

（6）ping localhost

localhost 是系统的网络保留名，它是 127.0.0.1 的别名，每台计算机都应该能够将该名字转换成该地址。如果没有做到这一点，则表示主机文件(/Windows/host)中存在问题。

（7）ping 网络域名(如 www.21cn.com)

对这个域名执行 ping www.21cn.com，通常是通过 DNS 服务器。如果这里出现故障，则表示 DNS 服务器的 IP 地址配置不正确或 DNS 服务器有故障。另外，也可以利用该命令实现域名对 IP 地址的转换功能。

如果上面列出的所有 ping 命令都能正常运行，那么对自己的计算机进行本地和远程通信的功能基本可以放心。但是，这些命令的成功并不表示所有的网络配置都没有问题，比如，某些子网掩码错误就可能无法用这些方法检测到。

3. ping 命令格式

ping 命令格式：

ping［ - t］［ - a］［ - n count］［ - l length］［ - f］［ - i ttl］［ - v tos］［ - r count］［ - s count］［［ - j computer - list］｜［ - k computer - list］］［ - w timeout］destination - list

参数说明：

- t：一直 ping 指定的计算机，直到按【Ctrl + C】组合键计中断。

- a：将地址解析为计算机 NetBios 名。

- n：发送 count 指定的 ECHO 数据包数，通过这个命令可以自定义发送的个数，对衡量网络速度很有帮助。能够测试发送数据包的返回平均时间，及时间的快慢程度。默认值为4。

- l：发送指定数据量的 ECHO 数据包。默认为 32 B；最大值是 65 500 B。

- f：在数据包中发送"不要分段"标志，数据包就不会被路由上的网关分段。通常所发送的数据包都会通过路由分段再发送给对方，加上此参数以后路由就不会再分段处理。

- i：将"生存时间"字段设置为 TTL 指定的值。指定 TTL 值在对方的系统里停留的时间。同时检查网络运转情况的。

- v：将"服务类型"字段设置为 tos 指定的值。

- r：在"记录路由"字段中记录传出和返回数据包的路由。通常情况下，发送的数据包是通过一系列路由才到达目标地址的，通过此参数可以设定想探测经过路由的个数。限定能跟踪到 9 个路由。

- s：指定 count 指定的跃点数的时间戳。与参数 - r 差不多，但此参数不记录数据包返回所经过的路由，最多只记录 4 个。

- j：利用 computer - list 指定的计算机列表路由数据包。连续计算机可以被中间网关分隔(路由稀疏源)，IP 允许的最大数量为 9。

- k：利用 computer - list 指定的计算机列表路由数据包。连续计算机不能被中间网关分隔(路由严格源)，IP 允许的最大数量为 9。

- w：timeout 指定超时间隔，单位为毫秒。

destination - list：指定要 ping 的远程计算机。其中 destination - list(目的地址)是指被探测主机的地址，既可以是域名，也可以是 IP 地址。

4. ping 案例

案例：ping －a www. gdfs. edu. cn －n 8 －l 128。

结果如图 4－7 所示。

```
C:\Users\gentlesir>ping  www.gdfs.edu.cn -n 8 -l 128

正在 Ping www.sdns.gdfs.edu.cn [59.41.255.110] 具有 128 字节的数据:
来自 59.41.255.110 的回复: 字节=128 时间=6ms TTL=120
来自 59.41.255.110 的回复: 字节=128 时间=6ms TTL=120
来自 59.41.255.110 的回复: 字节=128 时间=3ms TTL=120
来自 59.41.255.110 的回复: 字节=128 时间=3ms TTL=120
来自 59.41.255.110 的回复: 字节=128 时间=3ms TTL=120
来自 59.41.255.110 的回复: 字节=128 时间=14ms TTL=120
来自 59.41.255.110 的回复: 字节=128 时间=4ms TTL=120
来自 59.41.255.110 的回复: 字节=128 时间=4ms TTL=120

59.41.255.110 的 Ping 统计信息:
    数据包: 已发送 = 8, 已接收 = 8, 丢失 = 0 (0% 丢失),
往返行程的估计时间(以毫秒为单位):
    最短 = 3ms, 最长 = 14ms, 平均 = 5ms
```

图 4－7　ping 命令结果

上述命令让计算机向目标 www. gdfs. edu. cn 发送八个大小为 128 B 的数据报并且监听回应报文的返回。上图结果显示，监听到了八个回应报文，罗列有每个报文往返时间，从 TTL 值为 120，可推测数据报离开源地址的 TTL 起始值为 128，源地点到目标地点要通过八路由器网段，从丢包率为 0，往返行程平均时间为 5 ms，可见源地点到目标地点非常畅通，另外，也知道了目标 www. gdfs. edu. cn 对应的 IP 地址为 59. 41. 255. 110。

5. ping 命令的几种结果

用 ping 命令测试与目标主机的连通性，与目标主机连接正常，结果如图 4－7 所示，收到来自目标主机的回复。但若与目标主机连接有故障，常见的出错信息通常有如下三种：

（1）unknown host：未知名主机，该远程主机的名字不能被域名服务器 DNS 转换成 IP 地址，故障原因可能是域名服务器有故障，或者目标主机的名字不正确，或者网络管理员的系统与远程主机之间的通信线路有故障。

（2）Destination Host Unreachable：此错误信息表明执行命令的计算机未能将信息发送到目标主机。大多数情况是自己一方的计算机 LAN 连接线掉线，或者由于 IP 设置不对而无法进行正常通信。

（3）Request time out：表示在规定时间内因某种原因没有返回 ping 命令的应答，这种情况很可能是对方的计算机没有运行，或者中间线路不通致使信息没有到达对方的计算机。大多数情况下是企业防火墙等阻挡了 ping 命令中使用的 ICMP 信息。在这种情况下即便通信对象正在工作，也会有这种结果显示。

4.4.2　使用 TCP/IP 协议配置显示命令 ipconfig

1. ipconfig 命令概述

ipconfig 用于显示当前的 TCP/IP 配置的设置值。这些信息一般用来检验人工配置的 TCP/IP 设置是否正确。但是，如果计算机和所在的局域网使用了动态主机配置协议（DHCP），这个程序所显示的信息也许更加实用。这时，ipconfig 可以让用户了解自己的计算机是否成功租用到一个 IP 地址，如果租用到则可以了解它目前分配到的是什么地址。了解计算机当前的 IP 地址、子网掩码和默认网关实际上是进行测试和故障分析的必要项目。

2. ipconfig 最常用的选项

（1）ipconfig

当使用 ipconfig 且不带任何参数选项时，那么它为每个已经配置了的接口显示 IP 地址、子网掩码和默认网关值，如图 4－8 所示。

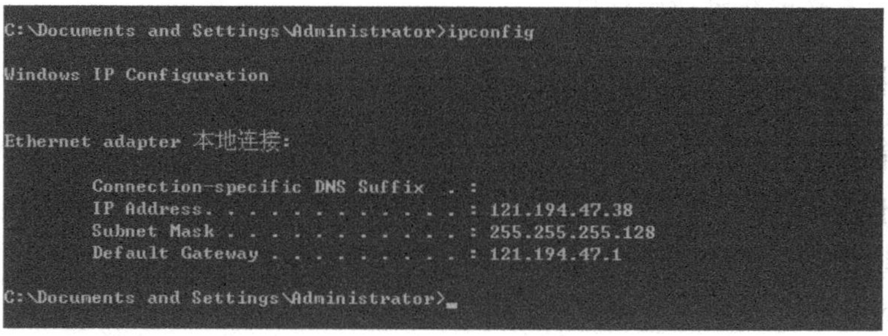

图 4－8　无参数 ipconfig 命令的结果

（2）ipconfig ／all

当使用 all 选项时，ipconfig 能显示 DNS 服务器信息、WINS 服务器信息、主机名，并且显示内置于本地网卡中的物理地址（MAC）。如果 IP 地址是从 DHCP 服务器租用的，ipconfig 将显示 DHCP 服务器的 IP 地址和租用地址预计失效的日期，如图 4－9 所示。

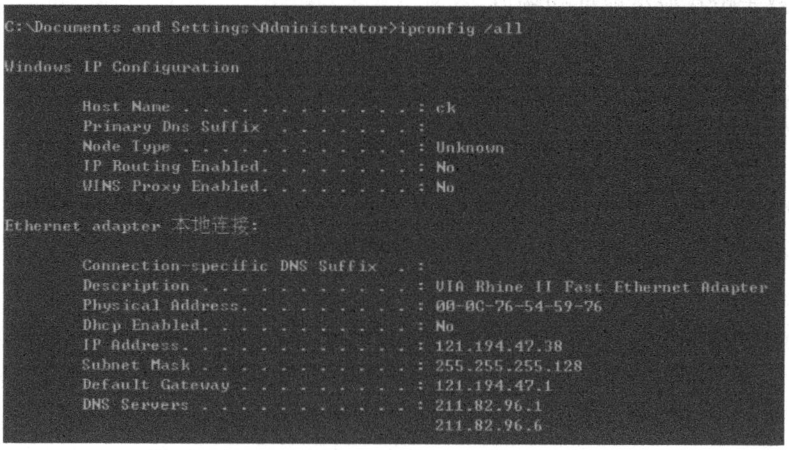

图 4－9　带参数/all 的 ipconfig 命令的结果

（3）ipconfig ／release 和 ipconfig ／renew

／release 和/renew 是两个附加选项，只能在向 DHCP 服务器租用其 IP 地址的计算机上起作用。如果输入 ipconfig ／release，那么所有接口的租用 IP 地址便重新交付给 DHCP 服务器（归还 IP 地址）。如果输入 ipconfig ／renew，那么本地计算机便设法与 DHCP 服务器取得联系，并租用一个 IP 地址，大多数情况下网卡将被重新赋予和以前所赋予的相同的 IP 地址。

（4）ipconfig /displaydns

显示 DNS 客户解析器缓存的内容，包括从本地主机文件预装载的记录以及由域名解析服务器解析的所有资源记录。

（5）ipconfig /flushdns

清理并重设 DNS 客户解析器缓存的内容。

（6）ipconfig /registerdns

初始化网络适配器上配置的 DNS 和 IP 地址，可用于解决客户和 DNS 服务器之间的动态更新问题，而不必重新启动计算机。

4.4.3　使用网络统计工具 netstat

1. netstat 命令概述

netstat 用于显示与 IP、TCP、UDP 和 ICMP 协议相关的统计数据，一般用于检验本机各端口的网络连接情况，用户可以得到非常详尽的统计。

2. netstat 命令格式：

netstat 命令格式：

netstat［参数 1］［参数 2］［参数 3］

参数：

－a：显示所有网络连接和监听端口。

－e：显示以太网统计资料。

－n：以数字格式显示地址和端口。

－p：显示指定的 TCP 或者 UDP 协议的连接。

－r：显示路由表。

－s：显示每一个协议的统计。协议可以是 TCP、UDP、IP。

interval：按照指定间隔反复显示统计信息。

3. netstat 案例

实例 1：使用命令 netstat － a。

结果如图 4 － 10 所示。

结果显示一个所有的有效连接信息列表，包括已建立的连接（ESTABLISHED），也包括监听连接请求（LISTENING）的连接，断开连接（CLOSE _ WAIT）或者处于联机等待状态的（TIME _ WAIT）等。其中，Proto 列是指传输层通信协议，Local Address 列是本地地址（含本地端口），Foreign Address 列是远程地址（含远程端口），State 列是连接状态。

－a 参数常用于获得计算机本地系统开放的端口，用户可以自己检查系统上有没有可疑连接，如木马建立的连接。用户可以通过百度了解常见木马及其端口，对比 netstat － a 结果列表，有没有可疑的端口连接。

实例 2：使用命令 netstat － an 。

－an 参数用来显示所有连接的端口并用数字表示，结果如图 4 － 11 所示。

实例 3：在浏览器中打开网址 www. gdfs. edu. cn，再使用命令 netstat － p tcp。

```
C:\Documents and Settings\Administrator>netstat -a

Active Connections

  Proto  Local Address          Foreign Address        State
  TCP    ck:epmap               ck:0                   LISTENING
  TCP    ck:microsoft-ds        ck:0                   LISTENING
  TCP    ck:1029                ck:0                   LISTENING
  TCP    ck:netbios-ssn         ck:0                   LISTENING
  UDP    ck:microsoft-ds        *:*
  UDP    ck:isakmp              *:*
  UDP    ck:1025                *:*
  UDP    ck:1066                *:*
  UDP    ck:4500                *:*
  UDP    ck:ntp                 *:*
  UDP    ck:1165                *:*
  UDP    ck:1900                *:*
  UDP    ck:ntp                 *:*
  UDP    ck:netbios-ns          *:*
  UDP    ck:netbios-dgm         *:*
  UDP    ck:1900                *:*
```

图 4 – 10 带 – a 参数的 netstat 命令的结果

```
C:\Documents and Settings\Administrator>netstat -an

Active Connections

  Proto  Local Address          Foreign Address        State
  TCP    0.0.0.0:135            0.0.0.0:0              LISTENING
  TCP    0.0.0.0:445            0.0.0.0:0              LISTENING
  TCP    127.0.0.1:1029         0.0.0.0:0              LISTENING
  TCP    192.168.135.131:139    0.0.0.0:0              LISTENING
  UDP    0.0.0.0:445            *:*
  UDP    0.0.0.0:500            *:*
  UDP    0.0.0.0:1025           *:*
  UDP    0.0.0.0:1066           *:*
  UDP    0.0.0.0:4500           *:*
  UDP    127.0.0.1:123          *:*
  UDP    127.0.0.1:1165         *:*
  UDP    127.0.0.1:1900         *:*
  UDP    192.168.135.131:123    *:*
  UDP    192.168.135.131:137    *:*
  UDP    192.168.135.131:138    *:*
  UDP    192.168.135.131:1900   *:*
```

图 4 – 11 带参数 – an 的 netstat 命令的结果

结果如图 4 – 12 所示。

结果显示所有 TCP 协议连接状态，其中就有本地浏览器与 Web 服务器 www. gdfs. edu. cn（IP 地址为 59. 41. 255. 110）建立的多个连接。

实例 4：使用命令 netstat – e。

结果如图 4 – 13 所示。

对 netstat – e 的结果进行分析，若接收错误和发送错误接近为零或全为零，网络的接口无问题。但当这两个字段有 100 个以上的出错分组时就可以认为是高出错率。高的发送错误表示本地网络饱和或在主机与网络之间有不良的物理连接；高的接收错误表示整体网络饱和、本地主机过载或物理连接有问题，可以用 ping 命令统计误码率，进一步确定故障的程度。netstat – e 和 ping 结合使用能解决一大部分网络故障。

```
C:\Documents and Settings\Administrator>netstat -p tcp

Active Connections

  Proto  Local Address          Foreign Address        State
  TCP    ck:1047                220.181.102.67:https   TIME_WAIT
  TCP    ck:1052                220.181.102.67:https   TIME_WAIT
  TCP    ck:1085                119.147.249.218:http   TIME_WAIT
  TCP    ck:1086                119.147.249.218:http   TIME_WAIT
  TCP    ck:1087                119.147.249.218:http   TIME_WAIT
  TCP    ck:1158                123.59.48.101:http     TIME_WAIT
  TCP    ck:1166                59.41.255.110:http     ESTABLISHED
  TCP    ck:1167                59.41.255.110:http     ESTABLISHED
  TCP    ck:1168                59.41.255.110:http     ESTABLISHED
  TCP    ck:1169                59.41.255.110:http     ESTABLISHED
  TCP    ck:1170                59.41.255.110:http     ESTABLISHED
  TCP    ck:1171                59.41.255.110:http     ESTABLISHED
  TCP    ck:1172                59.41.255.110:http     ESTABLISHED
  TCP    ck:1173                111.235.174.11:http    ESTABLISHED
  TCP    ck:1174                111.235.181.11:http    ESTABLISHED
  TCP    ck:1175                111.235.181.12:http    ESTABLISHED
```

图 4 - 12　带 - p 和 tcp 参数的 netstat 命令的结果

```
C:\Users\gentlesir>netstat -e
接口统计

                          接收的              发送的

字节              104895870            29109507
单播数据包          129287              116864
非单播数据包          3076               14626
丢弃                 0                    0
错误                 0                    3
未知协议              0
```

图 4 - 13　带 - e 参数的 netstat 命令的结果

4.4.4　使用路由测试命令 tracert

1. tracert 命令概述

如果有网络连通性问题，可以使用 tracert 命令来检查到达的目标 IP 地址的路径并记录结果。tracert 命令显示用于将数据包从计算机传递到目标位置的一组 IP 路由器，以及每个跃点所需的时间。如果数据包不能传递到目标，tracert 命令将显示成功转发数据包的最后一个路由器。当数据报从用户计算机经过多个网关传送到目的地时，tracert 命令可以用来跟踪数据报使用的路由（路径）。该实用程序跟踪的路径是源计算机到目的地的一条路径，不能保证或认为数据报总遵循这个路径。tracert 是一个运行得比较慢的命令（如果用户指定的目标地址比较远），每个路由器大约需要给它 15 s。

tracert 记录路径过程如下：

tracert 从源主机向目标主机发送一连串的 IP 数据报，数据报中封装的是无法交付的 UDP 用户数据报。第一个数据报 P1 的生存时间 TTL 设置为 1。当 P1 到达路径上的第一个路由器 R1 时，路由器 R1 先收下它，接着把 TTL 减 1。由于 TTL 等于 0，R1 就把 P1 丢弃，并向源主机发送一个 ICMP 时间超过差错报告报文。

源主机接着发送第二个数据报 P2，并把 TTL 设置为 2。P2 先到达路由器 R1，R1 收下后把 TTL 减一再转发给路由器 R2。R2 收到 P2 时 TTL 为 1，但减一后 TTL 变为 0。R2 就丢弃 P2，并向源主机发送一个 ICMP 时间超过差错报告报文。这样一直持续下去。当最后一个数据报刚刚到达目标主机时，数据报的 TTL 是 1。主机不转发数据报，也不把 TTL 值减一。但因 IP 数据报中封装的是无法交付的运输层的 UDP 用户数据报，因此目标主机要向源主机发送 ICMP 终点不可达差错报告报文。

这样，源主机达到了自己的目的，因为这些路由器和最后目标主机发来的 ICMP 报文正好给出了源主机想知道的路由信息——到达目标主机所经过的路由器的 IP 地址，以及到达其中的每一个路由器的往返时间。

tracert 的使用很简单，只需要在 tracert 后面跟一个 IP 地址或 URL，Tracert 会进行相应的域名转换。

2. tracert 最常见的用法

tracert IP address ［ – d］命令返回到达 IP 地址所经过的路由器列表。通过使用 – d 选项，将更快地显示路由器路径，因为 tracert 不会尝试解析路径中路由器的名称，如图 4 – 14 所示。

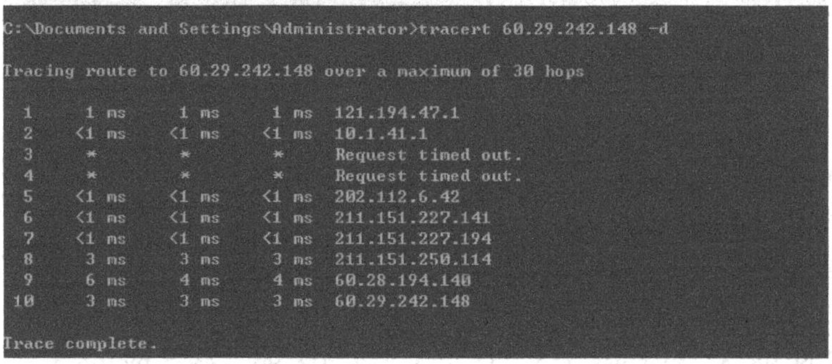

```
C:\Documents and Settings\Administrator>tracert 60.29.242.148 -d

Tracing route to 60.29.242.148 over a maximum of 30 hops

  1    1 ms    1 ms    1 ms  121.194.47.1
  2   <1 ms   <1 ms   <1 ms  10.1.41.1
  3    *       *       *     Request timed out.
  4    *       *       *     Request timed out.
  5   <1 ms   <1 ms   <1 ms  202.112.6.42
  6   <1 ms   <1 ms   <1 ms  211.151.227.141
  7   <1 ms   <1 ms   <1 ms  211.151.227.194
  8    3 ms    3 ms    3 ms  211.151.250.114
  9    6 ms    4 ms    4 ms  60.28.194.140
 10    3 ms    3 ms    3 ms  60.29.242.148

Trace complete.
```

图 4 – 14　tracert 命令的结果

tracert 一般用来检测故障的位置，用户可以用 tracert IP 命令分析在哪个环节上出了问题，虽然还是没有确定是什么问题，但它已经告诉了用户问题所在的地方。

4.4.5　使用路由表操作命令 route

1. route 命令概述

route 命令是在本地 IP 路由表中显示和修改条目网络命令。

通常情况下，主机一般都是驻留在只连接一台路由器的网段上。由于只有一台路由器，因此不存在使用哪一台路由器将数据报发送到远程计算机上去的问题，该路由器的 IP 地址可作为该网段上所有计算机的默认网关来输入。

但是，当网络上拥有两个或多个路由器时，就不一定想只依赖默认网关。实际上用户可能想让某些远程 IP 地址通过某个特定的路由器来传递，而其他的远程 IP 则通过另一个路由器来传递。

在这种情况下，需要相应的路由信息，这些信息存储在路由表中，每个主机和每个路由器都配有自己独一无二的路由表。大多数路由器使用专门的路由协议来交换和动态更新路由器之间的路由表。但在某些情况下，必须将项目手动添加到路由器和主机上的路由表中。Route 就是用来显示、添加和修改路由表项目的。

2. route 使用选项

(1) route print

该命令用于显示路由表中的当前项目在单路由器网段上的输出；由于用 IP 地址配置了网卡，因此所有的这些项目都是自动添加的，如图 4－15 所示。

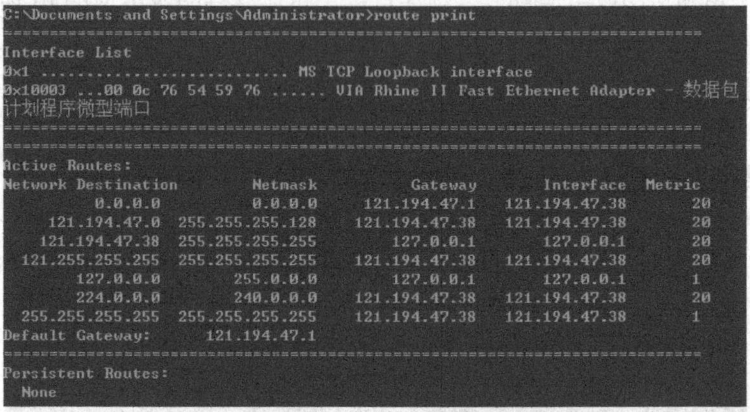

```
C:\Documents and Settings\Administrator>route print
===========================================================================
Interface List
0x1 ........................... MS TCP Loopback interface
0x10003 ...00 0c 76 54 59 76 ...... VIA Rhine II Fast Ethernet Adapter - 数据包
计划程序微型端口
===========================================================================
===========================================================================
Active Routes:
Network Destination        Netmask          Gateway       Interface  Metric
          0.0.0.0          0.0.0.0     121.194.47.1   121.194.47.38      20
     121.194.47.0  255.255.255.128    121.194.47.38   121.194.47.38      20
    121.194.47.38  255.255.255.255        127.0.0.1       127.0.0.1      20
  121.255.255.255  255.255.255.255    121.194.47.38   121.194.47.38      20
        127.0.0.0        255.0.0.0        127.0.0.1       127.0.0.1      1
        224.0.0.0        240.0.0.0    121.194.47.38   121.194.47.38      20
  255.255.255.255  255.255.255.255    121.194.47.38   121.194.47.38      1
Default Gateway:      121.194.47.1
===========================================================================
Persistent Routes:
  None
```

图 4－15 route print 命令的结果

(2) route add

使用该命令，可以将信路由项目添加给路由表。例如，如果要设定一个到目的网络 209. 98. 32. 33 的路由，其间要经过 5 个路由器网段，首先要经过本地网络上的一个路由器，IP 为 202. 96. 123. 5，子网掩码为 255. 255. 255. 224，那么应该输入以下命令：

route add 209. 98. 32. 33 mask 255. 255. 255. 224 202. 96. 123. 5 metric 5

(3) route change

可以使用该命令修改数据的传输路由，不过，不能使用本命令改变数据的目的地。下面的命令可以将数据的路由改到另一个路由器，它采用一条包含三个网段的更直的路径：

route add 209. 98. 32. 33 mask 255. 255. 255. 224 202. 96. 123. 250 metric 3

(4) route delete

使用该命令可以从路由表中删除路由。例如，route delete 209. 98. 32. 33。

4. 4. 6 使用地址转换命令 arp

1. arp 命令概述

arp 是一个重要的 TCP/IP 协议，并且用于确定对应 IP 地址的网卡物理地址。使用 arp 命令，用户能够查看本地计算机或另一台计算机的 arp 高速缓存中的当前内容。此外，使用 arp 命令，也可以用人工方式输入静态的网卡物理/IP 地址对，用户可能会使用这种方式为默认网关和本地服务器等常用主机进行本地静态配置，有助于减少网络上的信息量。

按照默认设置，arp 高速缓存中的项目是动态的，每当发送一个指定地点的数据报且高速缓存中不存在当前项目时，arp 便会自动添加该项目。一旦高速缓存的项目被输入，它们就已经开始走向失效状态。例如，在 Windows 网络中，如果输入项目后不进一步使用，物理/IP 地址对就会在 2～10 min 内失效。所以，需要通过 arp 命令查看高速缓存中的内容时，本地计算机应用先与其他计算机有过通信。

2. arp 常用命令选项

（1）arp – a 或 arp – g

该命令用于查看高速缓存中的所有项目。– a 和 – g 参数的结果是一样的，多年来 – g 一直是 UNIX 平台上用来显示 ARP 高速缓存中所有项目的选项，而 Windows 用的是 arp – a（ – a 可被视为 all，即全部的意思），但它也可以接受比较传统的 – g 选项，如图 4 – 16 所示。

```
C:\Documents and Settings\Administrator>arp -a

Interface: 192.168.135.131 --- 0x2
  Internet Address      Physical Address      Type
  192.168.135.1         00-50-56-c0-00-08     dynamic
  192.168.135.2         00-50-56-e0-a9-f4     dynamic
  192.168.135.254       00-50-56-ff-fe-5e     dynamic
```

图 4 – 16　带 – a 参数的 arp 命令的结果

（2）arp – s IP 地址 MAC 地址

可以向 arp 高速缓存中人工输入一个静态项目。该项目在计算机引导过程中将保持有效状态，或者在出现错误时，人工配置的物理地址将自动更新该项目。

例如，网络中的一个网关 IP 为 192. 168. 135. 8，其 MAC 地址为 00 – 50 – 56 – a0 – b0 – c8，将该 IP 和 MAC 地址对加入 arp 缓存，可以执行命令 arp – s 192. 168. 135. 8 00 – 50 – 56 – a0 – b0 – c8 ，然后执行命令 arp – a。查看结果如图 4 – 17 所示。

```
C:\Documents and Settings\Administrator>arp -s 192.168.135.8 00-50-56-a0-b0-c8

C:\Documents and Settings\Administrator>arp -a

Interface: 192.168.135.131 --- 0x2
  Internet Address      Physical Address      Type
  192.168.135.1         00-50-56-c0-00-08     dynamic
  192.168.135.2         00-50-56-e0-a9-f4     dynamic
  192.168.135.8         00-50-56-a0-b0-c8     static
  192.168.135.254       00-50-56-ff-fe-5e     dynamic
```

图 4 – 17　添加了静态 IP 和 MAC 地址对后的 arp 列表

（3）arp – d IP

使用该命令能够人工删除一个静态项目。

例如，删除 arp 缓存中的上述刚添加的一个静态项目，可以执行命令 arp – d 192. 168. 135. 8，然后执行命令 arp – a。查看结果如图 4 – 18 所示。

```
C:\Documents and Settings\Administrator>arp -d 192.168.135.8

C:\Documents and Settings\Administrator>arp -a

Interface: 192.168.135.131 --- 0x2
  Internet Address      Physical Address      Type
  192.168.135.1         00-50-56-c0-00-08     dynamic
  192.168.135.2         00-50-56-e0-a9-f4     dynamic
  192.168.135.254       00-50-56-ff-fe-5e     dynamic
```

图 4 – 18　删除了一项静态地址对后的 arp 列表

4.5 【项目实训】防范 ARP 攻击

本实训要求设计项目场景，做到局域网内部主机 IP 和 MAC 地址的绑定、网关 IP 和 MAC 地址的绑定，以及使用 360 安全卫士的 ARP 防护功能。

项 目 小 结

本项目介绍了常见的网络协议的工作原理以及常用的网络命令的使用，熟练使用这些常用的网络命令，网络管理员能进行网络故障排除，能做好基本的网络安全防护，可以解决许多网络问题。

习 题

一、选择题

1. 本机 IP 是通过自动获取的方式获得的，可通过（　　　）命令来查看本机 IP。

A. telnet　　　　　　B. ipconfig　　　　　　C. ping　　　　　　D. arp

2. 将 IP 地址转换为物理地址（即 MAC 地址）的协议是（　　　）。

A. IP　　　　　　　　B. ICMP　　　　　　　C. ARP　　　　　　D. TCP

3. 下面（　　　）命令最常用于测试网络是否连通。

A. telnet　　　　　　B. ipconfig　　　　　　C. ping　　　　　　D. Arp

4. 查看高速缓存中 IP 地址和 MAC 地址的映射表的命令是（　　　）。

A. arp - a　　　　　　B. tracert　　　　　　C. ping　　　　　　D. ipconfig

5. 删除 ARP 表的静态项可以通过（　　　）命令进行。

A. arp - a　　　　　　B. arp - s　　　　　　C. arp - t　　　　　　D. arp - d

6. 下述（　　　）命令用于显示本机路由表。

A. route print　　　　B. tracert　　　　　　C. ping　　　　　　D. ipconfig

7. 下述（　　　）命令用于显示本机所有的有效连接信息列表。

A. netstat － a　　　B. ipconfig ／all　　　C. arp － a　　　D. netstat － e

8. ping 命令的 － n 选项表示（　　　）。

A. ping 的目标地址　　　　　　　　　　B. ping 的次数

C. 用数字形式显示结果　　　　　　　　D. 不重复，只 ping 一次

9. 某校园用户无法访问校外站点 210. 100. 50. 68，网络管理员可以使用（　　　）来判断故障发生在校园网内还是校园网外。

A. ping 210. 100. 50. 68　　　　　　B. netstat 210. 100. 50. 68

C. arp 210. 100. 50. 68　　　　　　　D. tracert 210. 100. 50. 68

10. 在 TCP/IP 协议配置好以后，运行 IPCONFIG 命令，显示结果不包括下列（　　　）项目。

A. 本机的 IP 地址　　　　　　　　　　B. 网关的 IP 地址

C. 子网掩码　　　　　　　　　　　　　D. DNS 服务器的 IP 地址

11. 要清除本地 DNS 缓存，使用的命令是(　　)。

A. ipconfig/displaydns
B. ipconfig/renew

C. ipconfig/flushdns
D. ipconfig/release

12. 客户机想要手动更新 IP 地址续约，使用的命令是(　　)。

A. ipconfig/displaydns
B. ipconfig/renew

C. ipconfig/flushdns
D. ipconfig/release

二、填空题

1. TCP 协议是_____的协议，就是说在两端传送信息时，连接是一直建立和保持的。

2. 在协同 IP 的操作中 TCP 负责握手过程、报文管理、_____、错误检测和处理(控制)。

3. UDP 提供_____、不可靠的数据报服务。

4. 在每台安装有 TCP/IP 协议的计算机中都有一个_____缓存表，表里的 IP 地址与 MAC 地址是一一对应的。

三、简答题

1. 简述 TCP 三次握手的过程。

2. 简述 ARP 的工作原理。

3. 执行 ping 命令不成功的原因有哪些？

第2篇
构建中型企业网络

较大规模的局域网

5.1 应用场景

　　某较大企业有两栋办公大楼，1号楼和2号楼，两楼相距三四十米，两栋办公楼都有好几层。企业拥有办公计算机数百台，分布在各楼层的办公室。企业内部须连成一个高速稳定的局域网，每楼层有楼层交换机(2950)，每栋楼有楼宇交换机(2960)，企业接入互联网有较高端的三层交换机。企业局域网的部署，需要一个较优的方案，使得这个较大规模的局域网能高速稳定的分享内部共享资源。

5.2 解决方案

　　在有较多终端的较大规模局域网中，如果仅仅满足于计算机设备能够通过交换机连接起来相互通信，还是比较简单的，通过交换机级联即可不断扩展网络规模和延伸网络距离。成功实现级联的最基本原则是任意两结点之间的距离不能超过媒体段的最大跨度。但若考虑更优的网络带宽和稳定性，在满足延伸网络距离的前提下，交换机级联的层数应该尽量少，在带宽可能形成瓶颈的地方应该考虑带宽的扩展以保证整个网络内部的高速访问，同时要防止网内出现环路，又要允许冗余链路，进而保障网络的稳定。企业内部两栋办公楼的网络拓扑如图5-1所示，每栋楼宇交换机级联层数是2(前提是能满足单栋楼宇网络延伸距离)，对于数据访问量大的楼层交换机，与楼宇交换机之间可以通过链路聚合增加交换机间的通信带宽，而两台楼宇交换机之间要有冗余链路，同时注意避免网络中形成环路。

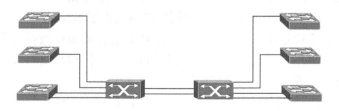

图5-1　企业内部两栋办公楼的网络拓扑图

5.3　相关知识

5.3.1　交换机的级联与堆叠

在交换机的连接中，与其他网络设备的连接都很简单，把连接相应设备和网线水晶头插入相应的端口即可。除了与其他网络设备连接外，交换机有时还需要与其他交换机互连，在这种连接中，主要涉及级联和堆叠两种技术。这两种技术都是交换机自身的扩展技术，以满足网络性能要求的不断提高和连接距离的不断扩大。

1. 交换机级联

级联扩展模式是最常见的一种端口和距离扩展方式。目前常见的交换机的级联根据交换机的端口配置情况又有两种不同的连接方式。一种是如果交换机备有"UpLink（级联）"端口，则可直接采用这个端口进行级联。但在这种级联方式中，上一层交换机所采用的仍是普通以太网端口，下一层交换机则要采用专门的"UpLink"端口（见图 5-2）。

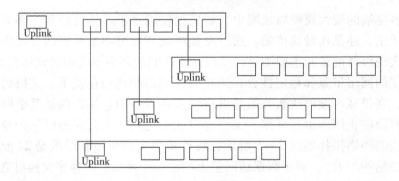

图 5-2　级联扩展模式 1

这种级联方式性能比较好，因为级联端口的带宽通常是比较高的。但要注意，如果采用此种级联扩展方式，不能超过双绞线单段网线的最大长度 100 m。

另外一种级联方式就是互连的两台交换机都是通过普通端口进行连接。如果交换机没有专门提供 Uplink 级联端口，就可采用交换机的普通以太网端口进行交换机的级联，不过这种方式的性能稍差，因为下级交换机的有效总带宽实际上相当于上级交换机的一个端口带宽（见图 5-3）。在这种级联方式单段长度同样不能超过 100 m。

级联扩展模式是以太网扩展端口应用中的主流技术。它通过使用统一的网管平台实现对全网设备的统一管理，如拓扑管理和故障管理，等等。级联模式也面临挑战，当级联层数较多，同时层与层之间存在较大的收敛比时，边缘结点之间由于经历了较多的交换和缓

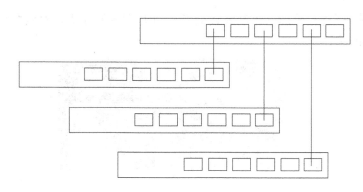

图 5-3　级联扩展模式 2

存，将出现一定的时延。解决方法是会聚上级端口来减小收敛比，提高上端设备性能或者减少级联的层次。在级联模式下，为了保证网络的效率，一般建议层数不要超过 4 层（见图 5-4）。如果网络边缘结点存在通过广播式以太网设备如 HUB 扩展的端口，由于其为直通工作模式，不存在交换，不纳入层次结构中。

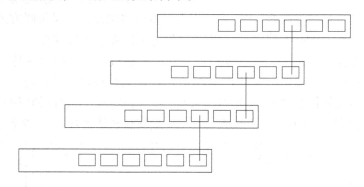

图 5-4　级联扩展模式 3

2. 交换机堆叠

高新科技型企业的迅猛发展，以及传统大中型企业信息化程度的日益提高，使得越来越多的企业在构筑或扩展企业网络时，必须考虑部门或工作组级的高密度接入需求及日后的可扩展能力。在一些网络交换中心可以购置端口接入能力较高的机箱式交换设备来解决问题，但网络边界接入区域，采用机箱式交换机则意味着极高的成本投入，最优化的解决方案是选择可堆叠交换机。

堆叠扩展模式是目前在以太网交换机上扩展端口使用较多的另一类技术，是一种非标准化技术，各个厂商之间不支持混合堆叠，堆叠模式由各厂商制定。前面介绍的级联模式主要是为了解决连接距离过长和扩展端口两方面的矛盾，而此处的堆叠扩展模式则主要是解决扩展端口和扩展带宽两方面的问题，因为堆叠通常是几台交换机堆叠在一起，采用专用堆叠电缆进行连接的，如图 5-5 所示。

当多个交换机连接在一起时，其作用就像一个模块化交换机一样，堆叠在一起的交换机可以当作一个单元设备进行管理。也就是说，堆叠中所有的交换机从拓扑结构上可视为一个交换机。堆叠在一起的交换机可以当作一台交换机统一管理。一般情况下，当有多个交换机堆叠时，其中存在一个可管理交换机，利用可管理交换机可对此堆叠式交换机中的

其他"独立型交换机"进行管理。可堆叠式交换机可非常方便地实现对网络的扩充，是新建网络时最为理想的选择。

图 5-5　堆叠扩展模式 1

　　交换机堆叠技术采用了专门的管理模块和堆叠连接电缆，这样做的好处是，一方面增加了用户端口，能够在交换机之间建立一条较宽的宽带链路，这样每个实际使用的用户带宽就有可能更宽（只有在并不是所有端口都在使用的情况下）。另一方面多个交换机能够作为一个大的交换机，便于统一管理。交换机堆叠与级联不一样，必须使用专门的端口，而且并不是所有交换机都支持堆叠（而所有的交换机都可以级联，只是级联方式可能不一样），所以如果见到交换机上没有专门的堆叠接口，则此交换机不支持堆叠。因为一台交换机有可能要与上一层交换机连接，又可能也要与下一层交换机连接，所以支持堆叠的交换机都有两个用于堆叠的接口，分别标为"UP"和"DOWN"。交换机堆叠是通过厂家提供的一条专用连接线，从一台交换机的"UP"堆叠端口直接连接到另一台交换机的"DOWN"堆叠端口，以实现单台交换机端口数的扩充（见图 5-6）。一般交换机能够堆叠 4~9 台。

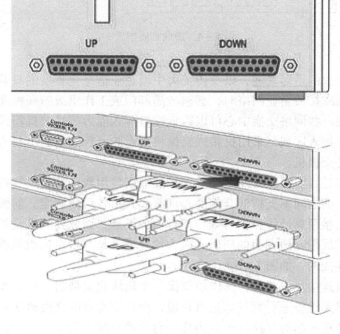

图 5-6　堆叠交换模式 2

不同的可堆叠交换机也是有堆叠级数限制的，不是可以无限制堆叠。低档的一般只允许 4 级以下，而高档交换机则可能允许更多级数。交换机的堆叠通常是通过堆叠套件进行的，不同的堆叠级数所需的堆叠套件也不一样。

另外，在进行交换机堆叠时，有些地方还是需要注意的：

一是有些交换机只允许与同型号的交换机进行堆叠。如 3COM 的 SS3 4400SE 交换机就只能与 SS3 4400SE 型号的交换机进行堆叠，不能与其他型号，甚至是同一系列的 SS3 4400 系列其他交换机。这要求在选购时一定要结合自己企业网络实际需求询问清楚。

二是要了解交换机的最大堆叠级数。最大堆叠级数决定了堆叠后的交换机最多支持的端口数。如 3COM 的 SS3 4400 交换机允许一个堆叠最多只能有 192 个端口，即不能超过 4 台 48 个端口的 SS3 4400 或 8 台 24 个端口的 SS3 4400 交换机。而且各个交换机的软件版本应保持一致。最好在堆叠前对其软件版本进行检查，并将每台设备的配置清空到出厂值后再堆叠。

3. 级联与堆叠的区别

级联是通过交换机的某个端口与其他交换机相连，如使用一个交换机 Uplink 口到另一个普通端口；而堆叠是通过交换机的背板连接起来，是一种建立在芯片级上的连接，如两个 24 口交换机堆叠起来的效果就像是一个 48 口的交换机，优点是不会产生瓶颈问题。

堆叠（Stack）和级联（Uplink）是多台交换机连接在一起的两种方式。它们的主要目的是增加端口密度，但它们的实现方法是不同的。简单地说，级联可通过一根双绞线在任何网络设备厂家的交换机之间、集线器之间，或交换机与集线器之间完成。而堆叠只有在自己厂家的设备之间，且此设备必须具有堆叠功能才可实现。级联通常只需要一根双绞线，堆叠需要专用的堆叠模块和堆叠线缆，而这些设备可能需要单独购买。交换机的级联在理论上是没有级联个数限制的，而堆叠各个厂家的设备会标明最大堆叠个数。

由此可以看出，级联相对容易，但堆叠技术具有级联所不具有的优势。首先，多台交换机堆叠在一起，从逻辑上来说，它们属于同一个设备。如果想对这几台交换机进行设置，连接到任何一台设备上均可看到堆叠中的其他交换机。而级联的设备逻辑上是独立的，如果想要网管这些设备，就必须依次连接到每个设备。

其次，多个设备级联会产生级联瓶颈。例如，两个百兆位交换机通过一根双绞线级联，则它们的级联带宽是百兆位。这样不同交换机之间的计算机要通信，都只能通过这百兆位带宽进行传输。而两个交换机通过堆叠连接在一起，堆叠线缆将能提供高于 1 Gbit/s 的背板带宽，极大地减低了瓶颈。现在交换机通过 Port Trunking 技术，可使用多根双绞线在两个交换机之间进行级联，这样可成倍地增加级联带宽。

级联还有一个堆叠技术所不具有的优势就是增加连接距离。比如，一台计算机离交换机较远，超过了单根双绞线的最长距离 100 m，则可在中间再放置一台交换机，使计算机与此交换机相连。堆叠线缆最长也只有几米，所以叠栈时应予考虑。

由此可见，堆叠和级联技术各有优点，在实际的方案设计中经常同时出现，可灵活应用。

5.3.2 交换机的链路聚合

1. 链路聚合技术应用背景

随着数据业务量的增长和对服务质量要求的提高,高可用性(High Availability)日益成为高性能网络最重要的特征之一。网络的高可用性是指系统以有限的代价换取最大运行时间,将故障引起的服务中断损失降到最低。具有高可用性的网络系统一方面需要尽量减少硬件或软件故障,另一方面必须对重要资源做相应备份。一旦检测到故障即将出现,系统能迅速将受影响的任务转移到备份资源上以继续提供服务。

网络的高可用性一般在系统、组件和链路三个级别上体现。系统级的高可用性要求网络拓扑必须有冗余结点和备份设计。组件级的高可用性着眼于网络设备自身,要求网络设备具有冗余部件和热备份机制。链路级的高可用性则要求传输线路备份,如果主要数据通路中断,备用线路将迅速启用。

传输链路的备份是提高网络系统可用性的重要方法。目前的技术中,以生成树协议(STP)和链路聚合(Link Aggregation)技术应用最为广泛。生成树协议提供了链路间的冗余方案,允许交换机间存在多条链路作为主链路的备份。而链路聚合技术则提供了传输线路内部的冗余机制,链路聚合成员彼此互为冗余和动态备份。

2. 链路聚合技术

链路聚合技术也称主干技术(Trunking)或捆绑技术(Bonding),其实质是将两台设备间的数条物理链路"组合"成逻辑上的一条数据通路,称为一条聚合链路,如图5-7所示。交换机之间物理链路Link1、Link2和Link3组成一条聚合链路。该链路在逻辑上是一个整体,内部的组成和传输数据的细节对上层服务是透明的。

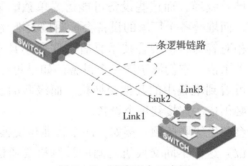

图 5-7 链路聚合示意图

聚合内部的物理链路共同完成数据收发任务并相互备份。只要还存在能正常工作的成员,整个传输链路就不会失效。仍以上图的链路聚合为例,如果Link1和Link2先后故障,它们的数据任务会迅速转移到Link3上,因而两台交换机间的连接不会中断,如图5-8所示。

3. 链路聚合的优点

链路聚合具有如下一些显著优点:

(1)提高链路可用性

链路聚合中,成员互相动态备份。当某一链路中断时,其他成员能够迅速接替其工作。

与生成树协议不同，链路聚合启用备份的过程对聚合之外是不可见的，而且启用备份过程只在聚合链路内，与其他链路无关，切换可在数毫秒内完成。

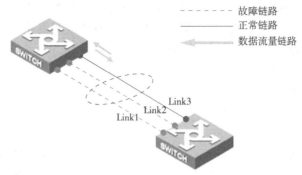

图 5 - 8　链路聚合成员相互备份

（2）增加链路容量

聚合技术的另一个明显的优点是为用户提供一种经济的提高链路传输率的方法。通过捆绑多条物理链路，用户不必升级现有设备就能获得更大带宽的数据链路，其容量等于各物理链路容量之和。聚合模块按照一定算法将业务流量分配给不同的成员，实现链路级的负载分担功能。

某些情况下，链路聚合甚至是提高链路容量的唯一方法。例如当市场上的设备都不能提供高于 10 Gbit/s 的链路时，用户可以将两条 10 Gbit/s 链路聚合，获得带宽大于 10 Gbit/s 的传输线路。

（3）价格便宜，性能接近千兆以太网。

（4）不需重新布线，也无须考虑千兆网令人头疼的传输距离极限。

（5）Trunking 可以捆绑任何相关的端口，也可以随时取消设置，这样提供了很高的灵活性。

（6）Trunking 可以提供负载均衡能力以及系统容错。由于 Trunking 实时平衡各个交换机端口和服务器接口的流量，一旦某个端口出现故障，会自动把故障端口从 Trunking 组中撤销，进而重新分配各个 Trunking 端口的流量，从而实现系统容错。

此外，特定组网环境下需要限制传输线路的容量，既不能太低影响传输速度，也不能太高超过网络的处理能力。但现有技术都只支持链路带宽以 10 为数量级增长，如 10 Mbit/s、100 Mbit/s、1 000 Mbit/s 等。而通过聚合将 n 条物理链路捆绑起来，就能得到更适宜的、n 倍带宽的链路。

5.3.3　交换机的链路冗余

在局域网通信中，为了能确保网络连接的可靠性和稳定性，常常需要网络提供冗余链路。而所谓"冗余链路"，就是当一条通信信道遇到堵塞或者不畅通时，就启用别的通信信道。冗余就是准备两条以上的链路，如果主链路不通，就启用备份链路。

为了解决冗余链路引起的问题，IEEE 通过了 IEEE 802.1d 协议，即生成树协议。IEEE 802.1d 协议通过在交换机上运行一套复杂的算法，使冗余端口置于"阻塞状态"，使得网络中的计算机在通信时，只有一条链路生效，而当这个链路出现故障时，IEEE 802.1d 协议将会重新计算出网络的最优链路，将处于"阻塞状态"的端口重新打开，从而确保网络连接稳定可靠。生成树协议和其他协议一样，是随着网络的不断发展而不断更新换代的。在生成树协议发展过程中，老的缺陷不断被克服，新的特性不断被开发出来。按照大功能点的改进情况，可以把生成树协议的发展过程划分成三代。

第一代生成树协议：STP/RSTP

第二代生成树协议：PVST/PVST +

第三代生成树协议：MISTP/MSTP

1. 生成树协议 STP

生成树协议（Spanning – Tree Protocol，STP）最初是由美国数字设备公司（Digital Equipment Corp，DEC）开发的，后经电气电子工程师学会（Institute of Electrical Engineers，IEEE）进行修改，最终制定了相应的 IEEE 802.1d 标准。STP 协议的主要功能是为了解决由于备份连接所产生的环路问题。

STP 协议的主要思想是当网络中存在备份链路时，只允许主链路激活，如果主链路因故障而被断开，备用链路才会被打开。IEEE 802.1d 生成树协议检测到网络上存在环路时，自动断开环路链路。当交换机间存在多条链路时，交换机的生成树算法只启动最主要的一条链路，而将其他链路都阻塞掉，将这些链路变为备用链路。当主链路出现问题时，生成树协议将自动起用备用链路接替主链路的工作，不需要任何人工干预。

我们知道，自然界中生长的树是不会出现环路的，如果网络也能够像一棵树一样生长就不会出现环路。于是，STP 协议中定义了根交换机（Root Bridge）、根端口（Root Port）、指定端口（Designated Port）、路径开销（Path Cost）等概念，目的在于通过构造一棵自然树的方法达到阻塞冗余环路的目的，同时实现链路备份和路径最优化。用于构造这棵树的算法称为生成树算法。

2. STP 的基本概念

要实现这些功能，交换机之间必须要进行一些信息的交流，这些信息交流单元就称为桥协议数据单元（Bridge Protocol Data Unit，BPDU）。STP BPDU 是一种二层报文，目的 MAC 是多播地址 01 – 80 – C2 – 00 – 00 – 00，所有支持 STP 协议的交换机都会接收并处理收到的 BPDU 报文。该报文的数据区里携带了用于生成树计算的所有有用信息。包括：

（1）Bridge ID：每个交换机唯一的桥 ID，由桥优先级和 MAC 地址组合而成。

（2）Root path cost：交换机到根交换机的路径花费，以下简称根路径花费。

（3）Port ID：每个端口 ID，由端口优先级和端口号组合而成。

（4）BPDU：交换机之间通过交换 BPDU 帧来获得建立最佳树形拓扑结构所需的信息。这些帧以组播地址 01 – 80 – C2 – 00 – 00 – 00（十六进制）为目的地址。

每个 BPDU 由以下要素组成。

- Root Bridge ID（本交换机所认为的根交换机 ID）。
- Root Path Cost（本交换机的根路径花费）。
- Bridge ID（本交换机的桥 ID）。
- Port ID（发送该报文端口 ID）。

- Message age(报文已存活的时间)。
- Forward – Delay Time、Hello Time、Max – Age Time 三个协议规定的时间参数。
- 其他一些诸如表示发现网络拓扑变化、本端口状态的标志位。

当交换机的一个端口收到高优先级的 BPDU(更小的 Bridge ID,更小的 Root Path Cost,等)就在该端口保存这些信息,同时向所有端口更新并传播信息。如果收到比自己低优先级的 BPDU,交换机就丢弃该信息。

这样的机制使高优先级的信息在整个网络中传播开,BPDU 的交流也就有了下面的结果:

(1)网络中选择了一个交换机为根交换机(Root Bridge)。

(2)除根交换机外的每个交换机都有一个根口(Root Port),即提供最短路径到 Root Bridge 的端口。

(3)每个交换机都计算出了到根交换机(Root Bridge)的最短路径。

(4)每个 LAN 都有了指定交换机(Designated Bridge),位于该 LAN 与根交换机之间的最短路径中。指定交换机和 LAN 相连的端口称为指定端口(Designated port)。

(5)根口(Roor port)和指定端口(Designated port)进入转发 Forwarding 状态。

(6)其他的冗余端口就处于阻塞状态(Forwarding 或 Discarding)。

5.3.4 交换机的基本配置

1. 硬件连接

交换机的本地配置方式是通过计算机与交换机的 Console 端口直接连接的方式进行通信,连接线缆为配置线,配置线一头是水晶头,另一头 RS – 232 是个公口,如图 5 – 9(a)所示。配置线水晶头一端接到交换机的 Console 端口,如图 5 – 9(b)所示。配置线另一头 RS – 232接到计算机的 COM 口(RS – 232 母口),如图 5 – 9(c)所示。

（a)配置线　　　　　　　　　　（b)交换机配置口　　　　　　　　（c)计算机的 COM 口

图 5 – 9　交换机的硬件连接

2. 使用超级终端

(1)打开与交换机相连的计算机电源,开启交换机电源。

(2)检查计算机是否安装有超级终端(Hyper Terminal)软件。若没有,可以下载或复制超级终端软件到计算机中。

(3)打开超级终端,其初始界面如图 5 – 10 所示。输入名称 sw1,单击"确定"按钮。

图 5-10   初始界面

（4）选择连接的方式，连接时使用"COM1"，单击"确定"按钮，如图 5-11（a）所示。

（5）设置 COM 属性，"每秒位数"（即波特率）选择"9 600"，其他各选项采用默认值，单击"确定"按钮，如图 5-11（b）所示。

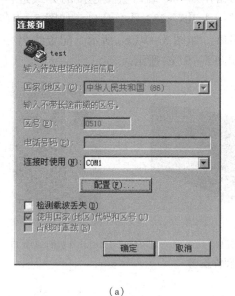

（a）   （b）

图 5-11   参数设置

（6）按【Enter】键，进入配置界面，如图 5-12 所示。

3. 交换机命令行模式

主要模式有用户模式、特权模式、全局模式、端口模式等几种。

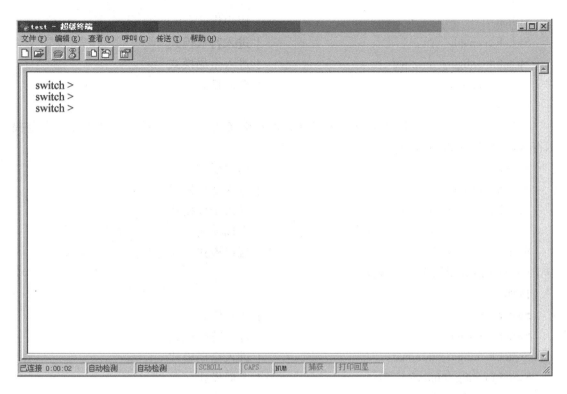

图 5 – 12　配置界面

（1）用户模式

模式下对交换机和路由器的配置操作有限，如显示软、硬件版本和进行简单的测试。命令提示符为"主机名 >"。

例如：

Switch >

Switch >　　　　　　　　!用户模式

（2）特权模式

特权模式是由用户模式进入的下一级操作模式，对交换机和路由器做更深入的操作，可进行配置文件的管理，查看交换机信息，进行网络测试和调试等。在该模式下，有配置和监视权力，是进入其他配置模式的前提。命令提示符为"主机名#"。

例如：

Switch >　　　　　　　　　　　　　　!用户模式

Switch > enable　　　　　　　　　　　!进入特权模式

Switch#

（3）全局模式

全局模式由特权模式进入的下一级操作模式，该模式下可配置交换机的全局性参数（主机名、登录信息）等内容，通过该模式可以进入下一级配置模式。命令提示符为"主机名（config）#"。

例如：

Switch >	! 用户模式
Switch > enable	! 进入特权模式
Switch#configure terminal	! 进入全局模式
Switch(config)#	! 全局模式

（4）端口模式

端口模式是属于全局模式的下一级模式，可对交换机的端口等进行参数配置。命令提示符为主机名(config – if)#。

Switch >	! 用户模式
Switch > enable	! 进入特权模式
Switch#configure terminal	! 进入全局模式
Switch(config)#interface f0/1	! 全局模式
Switch(config – if)#	! 端口模式

（5）exit 命令返回上一级模式

例如：

Switch >	! 用户模式
Switch > enable	! 进入特权模式
Switch#configure terminal	! 进入全局模式
Switch(config)#interface f0/1	! 全局模式
Switch(config – if)#	! 端口模式
Switch(config – if)#exit	! 端口模式
Switch(configf)#exit	! 全局模式
Switch#	! 特权模式

4. 交换机基本配置命令

（1）获得帮助

在任何工作模式下输入"?"可获得帮助。

例如：

Swithch > ?

disable	Turn off privileged commands
enable	Turn on privileged commands
exit	Exit from the EXEC
help	Description of the interactive help system
ping	Send echo messages
rcommand	Run command on remote switch
show	Show running system information
telnet	Open a telnet connection
traceroute	Trace route to destination
switch#cop?	! 显示当前模式下所有以 cop 开头的命令
configure copy	

（2）命令的简写

交换机支持命令的简写，以下两个命令功能相同：

Switch#configure terminal

Switch#conf t

（3）命令的自动补齐功能

交换机支持自动补齐功能，在输入命令时按住【Tab】键可实现自动补齐功能。

Switch#conf   ! 按【Tab】键可自动补齐

Switch#configure

（4）交换机名称配置

Switch > enable

Switch#configure ter

Switch(config)#hostname sw1   ! 交换机名字配置为 sw1

sw1(config)#

（5）配置管理 IP 地址

sw1(config)#interface vlan 1   ! 进入交换机管理接口配置模式

sw1(config – if)#ip address 172. 26. 0. 2 255. 255. 255. 0   ! 配置 IP 地址

sw1(config – if)#no shutdown   ! 开启交换机管理接口

注意：交换机的管理接口默认一般是关闭的，因此在配置管理接口 interface vlan 1 的 IP
地址后须用命令" no shutdown"开启该接口。

验证：

sw1(config – if)#^Z   ! 按【Ctrl + Z】组合键退回到特权模式下

sw1#show ip interface   ! 显示管理端口信息，显示信息如下

Vlan1 is up, line protocol is down

Internet address is 172. 26. 0. 2/24

Broadcast address is 255. 255. 255. 255

Address determined by setup command

MTU is 1500 bytes

Helper address is not set

……

也可以使用 show running – config 命令进行验证

sw1#show running – config   ! 查看交换机的系统和配置信息，显示信息如下

Building configuration…

Current configuration：1052bytes

!

version 12. 2

no service timestamps log datetime msec

no service timestamps debug datetime msec

no service password – encryption

```
!
hostname sw1
!
!
!
!
!
spanning - tree mode pvst
!
interface FastEthernet0/1
……
```

还可以用如下方式验证：

sw1#show interface vlan 1　　　　　　　　　　! 显示管理端口信息，显示信息如下

```
sw1#show interfaces vlan 1
Vlan1 is up, line protocol is down
Hardware is CPU Interface, address is 0000.0c5b.4b68（bia 0000.0c5b.4b68）
Internet address is 172.26.0.2/24
MTU 1500 bytes, BW 100000 Kbit, DLY 1000000 usec,
reliability 255/255, txload 1/255, rxload 1/255
Encapsulation ARPA, loopback not set
ARP type：ARPA, ARP Timeout 04:00:00
……
```

（6）配置交换机的 telnet 远程登录

① 配置管理 IP 地址。

sw1（config）#interface vlan 1　　　　　　　! 进入交换机管理接口配置模式

sw1（config - if）#ip address 192.168.1.252 255.255.255.0　　! 配置 IP 地址

sw1（config - if）#no shutdown　　　　　　　! 开启交换机管理接口

② 配置进入特权模式的登录密码

sw1（config）#enable password 246

③ 配置 Telnet 远程登录密码

sw1（config）#line vty　0　4　　　　　　　　! 进入线程配置模式

sw1（config - line）#password　abc　　　　　! 配置 Telnet 的密码

sw1（config - line）#login　　　　　　　　　! 启用 Telnet 的用户名和密码验证

sw1（config - line）#exit

验证：

断开 PC 与交换机之间的配置线连接，用网线将 PC 网卡口与交换机的 F0/1 口相连接，将 PC 的 IP 地址设置为 192.168.1.1，子网掩码设置为 255.255.255.0。

在 PC 上使用命令行 telnet 192.168.1.252，从 PC 登录到交换机上，如图 5 - 13 所示。

其中第一次要求输入的密码是远程登录密码 abc，成功登录后，显示交换机用户模式下的提示符"sw1 >"，输入 enable 命令后，要求输入进入特权模式密码 246。正确输入特权模式密码 246 后，显示交换机特权模式下的提示符"sw1#"。

图 5 - 13　登录交换机

（7）交换机端口的基本配置

端口参数配置

sw1#conf t	! 进入全局模式
sw1（config）#interface f0/1	! 进入 F0/1 端口
sw1（config - if）#speed 100	! 配置端口速度为 100 M
sw1（config - if）#duplex full	! 配置端口的工作模式为全双工
sw1（config - if）#no shutdown	! 开启端口,使端口转发数据
sw1（config - if）#	

（8）保存交换机的配置

sw1#copy running - config startup - config	! 保存交换机配置

或：sw1# write memory

或：sw1# wr

startup - config 是开机时运行的配置文件，在 NVRAM 中，断电后能保存。

running - config 是即时配置过的运行文件，在 DRAM 中，断电后全部丢失。

交换机开机后如果没有再改动配置，那么 running - config 即为 startup - config 的完整复制，两者一模一样，若改动过配置，则两者不一样。交换机工作时是按照 running - config 运行，而 startup - config 起到保存文件的作用，以便下次开机时被读取。有时会遇到要恢复到厂商设置的情况，操作如下：

sw1#erase startup - config	! 擦除配置,恢复到厂商设置
sw1#reload	! 重启交换机

5.4　项目实施

5.4.1　交换机之间的连接

1. 楼层交换机与楼宇交换机的级联

由于楼层间交换机的连线距离至少 10 m，不可能使用堆叠方式，只能通过级联方式连接。交换机与交换机之间的级联，只要连接线跨度在 100 m 方位内，应该尽量做到尽可能少的级联层级。

2. 楼宇交换机之间的冗余链路

由于楼宇之间的距离不大，楼宇交换机之间的连接线长度完全可以控制在 100 m 以内，将两台楼宇交换机的两个千兆口相互连接，将形成楼宇交换机之间的冗余链路。整体拓扑如图 5 - 14 所示，S11、S12、S13 分别是 1 号楼各楼层交换机，S21、S22、S23 分别是 2 号楼各楼层交换机，S19、S29 分别是两栋楼的楼宇交换机。

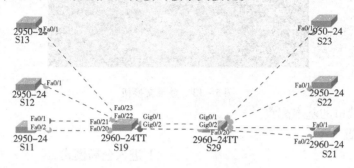

图 5 - 14　楼宇交换机的级联

3. 交换机的链路聚合

每栋楼一层的机房提供较大的数据服务，在一楼的楼层交换机与楼宇交换机之间容易形成瓶颈，为此，在一楼的楼层交换机与楼宇交换机之间通过链路聚合的方式，使得此两结点之间的带宽倍数增加，满足大量的数据访问需求。如图 5 - 14 所示，在 S11 与 S19 之间有两条链路形成的聚合链路，在 S21 与 S29 之间也有两条链路形成的聚合链路。

5.4.2　交换机的配置

在进行 Cisco 交换机的端口聚合配置时，需要注意如下几点：

（1）Cisco 最多允许 EtherChannel 绑定 8 个端口。

如果是快速以太网，总带宽可达 1 600 Mbit/s。

如果是 Gbit 以太网，总带宽可达 16 Gbit/s。

（2）EtherChannel 不支持 10 Mbit/s 端口。

（3）EtherChannel 编号只在本地有效，链路两端的编号可以不一样。

（4）EtherChannel 默认使用 PAgP 协议。

（5）EtherChannel 默认情况下是基于源 MAC 地址的负载平衡。

（6）一个 EtherChannel 内所有的端口都必须具有相同的端口速率和双工模式，LACP 只能是全双工模式。

（7）channel - group 接口会自动继承最小物理接口，或最先配置的接口模式。

（8）Cisco 的交换机不仅可以支持第二层 EtherChannel，还可以支持第三层 EtherChannel。

1. 交换机端口聚合的配置

（1）交换机 S11 的配置

```
Switch > enable                          ！从用户模式进入特权模式
Switch#configure terminal                ！从特权模式进入全局模式
```

```
Switch(config)#hostname S11                          ! 命名设备名称为 S11
S11(config)#interface fastethernet 0/1               ! 进入接口配置子模式,配置端口 f0/1
S11(config-if)#speed 100                             ! 设置该端口的速率为 100 Mbit/s
S11(config-if)#duplex full                           ! 设置该端口为全双工
S11(config-if)#interface fastethernet 0/2            ! 进入接口配置子模式,配置端口 f0/2
S11(config-if)#speed 100                             ! 设置该端口的速率为 100 Mbit/s
S11(config-if)#duplex full                           ! 设置该端口为全双工
S11(config-if)#exit
S11(config)#interface range fastethernet 0/1-2
                                                     ! 将配置端口 f0/1 和 f0/2
S11(config-if-range)#channel-group 1 mode desirable
                                                     ! 加入 ID 为 1 的以太通道,将主动协商
                                                       开启,以太通道 1 若不存在则自动
                                                       创建
S11(config-if-range)#switchport mode trunk           ! 将端口的工作模式指定为干道
S11(config-if-range)#switchport trunk allowed vlan all
                                                     ! 允许所有 VLAN 流量通行
S11(config-if-range)#exit
S11(config)#exit
S11#show etherchannel summary                        ! 查看以太通道配置情况
```

(2)交换机 S19 的配置

```
Switch>enable                                        ! 从用户模式进入特权模式
Switch#configure terminal                            ! 从特权模式进入全局模式
Switch(config)#hostname S19                          ! 命名设备名称为 S11
S19(config)#interface fastethernet 0/1               ! 进入接口配置子模式,配置端口 f0/1
S19(config-if)#speed 100                             ! 设置该端口的速率为 100 Mbit/s
S19(config-if)#duplex full                           ! 设置该端口为全双工
S19(config-if)#interface fastethernet 0/2            ! 进入接口配置子模式,配置端口 f0/2
S19(config-if)#speed 100                             ! 设置该端口的速率为 100 Mbit/s
S19(config-if)#duplex full                           ! 设置该端口为全双工
S19(config-if)#exit
S19(config)#interface range fastethernet 0/1-2       ! 将配置端口 f0/1 和 f0/2
S19(config-if-range)#channel-group 1 mode desirable
S19(config-if-range)#switchport mode trunk           ! 将端口的工作模式指定为干道
S19(config-if-range)#switchport trunk allowed vlan all
S19(config-if-range)#exit
S19(config)#exit
S19#show etherchannel summary                        ! 查看以太通道配置情况
```

（3）交换机 S21、S29 做类似的配置

2. 交换机冗余链路的配置

（1）交换机 S19 的配置

S19#configure terminal　　　　　　　　　　　！从特权模式进入全局模式

S19（config）#interface range gigabitEthernet 0/1 – 2　！将配置端口 g0/1、g0/2

S19（config – if – range）#sswitchport mode trunk　　！将端口的工作模式指定为干道

S19（config – if – range）#exit

S19（config）#spanning – tree mode rapid – pvst

　　　　　　　　　　　　　　　　　　　　　　　！在所有 VLAN 端口上开启快速生成树协议

S19（config）#spanning – tree vlan 1 root primary　　！设置为根交换机

S19（config）#show spanning – tree　　　　　　　！查看生成树的配置

（2）交换机 S29 的配置

S29#configure terminal　　　　　　　　　　　！从特权模式进入全局模式

S29（config）#interface range gigabitEthernet 0/1 – 2　！将配置端口 g0/1、g0/2

S29（config – if – range）#sswitchportmode trunk　　！将端口的工作模式指定为干道

S29（config – if – range）#exit

S29（config）#spanning – tree mode rapid – pvst

　　　　　　　　　　　　　　　　　　　　　　　！在所有 VLAN 端口上开启快速生成树协议

S29（config）#show spanning – tree　　　　　！查看生成树的配置

（3）测试

在交换机 S11 的 f0/3 端口上接上一台 PC—PC1，PC1 的 IP 设置为 192.168.1.1，子网掩码为 255.255.255.0。在交换机 S21 的 f0/3 端口上接上一台 PC—PC2，PC2 的 IP 设置为 192.168.1.2，子网掩码为 255.255.255.0。

在 PC1 上使用命令 ping 192.168.1.2 – n 90，在 ping 的测试过程中，断开 S19 的 G0/1 接线约 10 s 再接上，ping 命令收到的回应完全没受影响。类似的，断开 S19 的 G0/2 接线约 10 s 再接上，同样看到 ping 命令收到的回应完全没受影响，说明 S19 的 G0/1 和 G0/2 上个两条链路互为冗余。

5.5　【项目实训】三层交换机与二层交换机的链路聚合

1. 实训目的

（1）掌握三层交换机的常用配置命令。

（2）掌握三层交换机与二层交换机的链路聚合的配置。

2. 实训设备及环境

（1）2 根直通线，2 根交叉线，每根约 2 m。

（2）1 台 2950 交换机器，1 台 3560 交换机。

（3）2 台 PC。

（4）网络拓扑图如图 5 – 15 所示。

图5-15　网络拓扑图

(5)设备及设备IP配置如表5-1所示。

表5-1　设备及设备IP信息列表

设　备	接口及IP地址	子网掩码	网关或备注
PC1	192.168.10.2	255.255.255.0	192.168.10.1
PC2	192.168.20.2	255.255.255.0	192.168.20.1
2950交换机S1			F0/1和F0/2组成以太通道
3560交换机	port-channel 1　192.168.10.1	255.255.255.0	port-channel 1
	F0/3　192.168.20.1	255.255.255.0	由F0/1和F0/2组成

3.实训过程

(1)构建网络拓扑图,配置好PC1、PC2的IP地址。

(2)2950交换机配置如下:

Switch > en

Switch#conf t

Switch(config)#int f0/1

Switch(config-if)#channel-group 1 mode on

Switch(config-if)#int f0/2

Switch(config-if)#channel-group 1 mode on

Switch(config-if)#exit

(3)3560交换机配置如下:

Switch > en

Switch#conf t

Switch(config)#ip routing　　　　　　　　　！开启三层交换机路由功能

Switch(config)#int port-channel 1　　　　　！创建以太通道,编号为1

Switch(config-if)#no switchport　　　　　　！将接口切换为3层接口

Switch(config-if)#ip address 192.168.10.1　255.255.255.0　！设置接口IP地址

Switch(config-if)#no shutdown　　　　　　　！开启接口

Switch(config-if)#exit

Switch(config)#int f0/1

Switch(config-if)#no switchport

Switch(config-if)#channel-group 1 mode on　　　　！接口加入以太通道1,并指定
　　　　　　　　　　　　　　　　　　　　　　　　　为on模式

```
Switch(config-if)#int f0/2
Switch(config-if)#no switchport
Switch(config-if)#channel-group 1 mode on
Switch(config-if)#exit
Switch(config)#int f0/3
Switch(config-if)#no switchport
Switch(config-if)#ip address 192.168.20.1    255.255.255.0
Switch(config-if)#no shut
Switch(config-if)#exit
```

（4）测试

在 PC1 上 ping PC2 的 IP，结果是通的。

项 目 小 结

通过本项目介绍了企业办公网络的扩展和延伸，涉及交换机之间的级联、堆叠和链路聚合等概念，以及交换机生成树概念、冗余链路概念。涉及的技术应用有交换机的级联和堆叠、链路聚合的配置、冗余链路生成树协议配置等。

为获得更大的带宽，可以把交换机之间的多个端口聚合起来并行传输数据，消除网络数据访问中的带宽瓶颈。

为避免形成环路，防止因环路导致的广播风暴、多帧复制等问题的发生，需要在交换机中配置生成树协议。

习 题

一、选择题

1. 以太网链路聚合技术是将（　　　）。

A. 多个逻辑链路聚合成一个物理链路

B. 多个逻辑链路聚合成一个逻辑链路

C. 多个物理链路聚合成一个逻辑链路

D. 多个物理链路聚合成一个物理链路

2. 交换机组网中有环路出现也能正常工作，是由于交换机运行了（　　　）协议。

A. 801.z　　　　　　　B. 802.3　　　　　　　C. Trunk　　　　　　　D. Spanning Tree

3. 关于端口聚合描述不正确的是（　　　）。

A. 在一个聚合组中，每个端口必须工作在全双工工作模式下

B. 在一个聚合组中，各成员端口的属性必须和第一个端口的属性相同

C. 在一个聚合组中，各成员端口必须属于同一个 VLAN

D. 在一个聚合组中，各成员必须使用相同的传输介质

4. 以下有关交换机堆叠描述正确的是（　　　）。

A. 只有真正的堆叠交换机才能配置跨交换机的链路聚合

B. 堆叠中的交换机必须型号相同才可堆叠交换机

C. 堆叠成功后可以在任何一台交换机中进行置配置

D. 交换机堆叠设备的数量没有限制

5. 关于堆叠和级联的描述错误的是(　　)。

A. 没有 uplink 端口的交换机可以通过普通端口级联

B. 级联和堆叠都是用交叉线将交换机连接在一起,只是使用的端口不同

C. 采用级联方式,共享链路的最大带宽的等于级联线的最大带宽;而采用堆叠方式,共享链路的带宽一般都可达到该设备端口带宽的几十倍

D. 如果是可网管的设备,级联后,各设备仍然是多个网管单元;堆叠后,各设备只相当于一个网管单元

6. 下列(　　)命令用来显示 NVRAM 中的配置文件。

A. show running - config

B. show startup - config

C. show backup - config

D. show version

7. 以下描述中,不正确的是(　　)。

A. 只要设置了交换机的管理地址后,就可使用 Telnet 方式来登录连接交换机,并实现对交换的管理与配置

B. 首次配置交换机时,必须采用 Console 口登录配置

C. 默认情况下,交换机的所有端口均属于 VLAN 1,设置管理地址,实际上就是设置 VLAN 1 接口的地址

D. 交换机允许同时建立多个 Telnet 登录连接

8. (　　)命令提示符是在接口配置模式下。

A. >　　　　　　　　B. #　　　　　　　　C. (config)#　　　　　　D. (config - if)#

9. 使用远程登录 Telnet 对交换机进行配置,在网上的任意一台计算机,只要权限许可,都可以远程登录到交换机上,作为它的一个模拟终端对它进行配置。关于它的必备条件叙述不正确的是(　　)。

A. 计算机端只要有 Telnet 软件即可

B. 交换机必须预先配置好控制远程登录的密码

C. 交换机必须先配置好设备管理地址,包括 IP 地址、子网掩码和默认路由

D. 作为模拟终端的计算机与交换机都必须与网络连通,它们之间能通过网络进行通信

10. 对交换机做了如下配置,对配置的解读其中不正确的是(　　)。

```
Switch#enable
Switch#config   terminal
Switch(config)# enable   password   abc
Switch(config)# enable   secret   123
Switch(config)# hostname   S1
```

A. 交换机名称改为 S1 了

B. 再次进入特权模式需要输入口令

C. 再次进入特权模式需要输入口令 abc

D. 再次进入特权模式需要输入口令 123

二、填空题

1. 链路聚合技术实质是将两台设备间的＿＿＿＿＿＿＿＿"组合"成逻辑上的一条数据通路。

2. 在刚登入交换机时，默认进行的是＿＿＿＿＿＿模式，要进入特权模式要使用＿＿＿＿命令。

3. ＿＿＿＿＿＿＿协议的主要思想是当网络中存在备份链路时，只允许主链路激活，如果主链路因故障而被断开后，备用链路才会被打开。

4. 通过将 4 条 100 Mbit/s 的物理链路捆绑起来形成 1 条聚合链路，该聚合链路的带宽运算是＿＿＿＿＿＿。

三、简答题

简述思科交换机的 4 种工作模式。

项目 6

虚拟局域网

6.1 应用场景

某企业内部有财务部、工程部、市场部等多个部门，各部门在各楼层都有各自的业务办公室，如财务部在一楼有收费大厅、二楼有财务业务科室、三楼有财务总监办公室，其他部门类似。基于安全、高效、便于管理等方面的考虑，每个部门使用一个子网，不同部门之间不能直接互联（也就是相互隔离），例如，财务部三个楼层的计算机可以直接相互访问，但所有财务部的计算机都不能与其他部门的计算机直接访问。

6.2 解决方案

该企业可以使用 VLAN 技术，跨楼层交换机依据多个部门划分多个 VLAN，同部门的计算机连接在同一 VLAN，财务部计算机都处于 VLAN10，工程部计算机都处于 VLAN20，市场部计算机都处于 VLAN30，不同部门的计算机因处于不同 VLAN 而相互隔离，网络拓扑如图 6－1 所示。

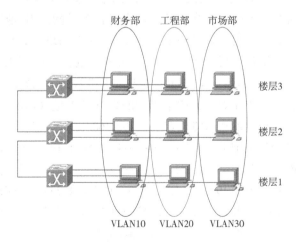

图 6－1　跨越楼层交换机划分 VLAN 示意图

6.3　相关知识

6.3.1　子网划分

　　Internet 组织机构定义了五种 IP 地址，主要使用的有 A、B、C 三类地址。A 类网络有 126 个，每个 A 类网络可能有 16 777 214 台主机，它们处于同一广播域。而在同一广播域中有这么多结点是不可能的，网络会因为广播通信而饱和，导致网络效率下降，甚至网络瘫痪，结果造成 16 777 214 个地址大部分没有分配出去。

　　为了合理规划网络，减少资源浪费，可以把基于类的 IP 网络进一步分成若干更小的网络(称为子网)，这样可以把网络中设备之间的相互广播范围尽量减少，这种把一个大的网络划分变小的过程称为子网划分。

　　划分子网后，每个子网的网络地址是借用基于类的网络地址的主机部分创建的，通过使用掩码，把子网隐藏起来，使得从外部看网络没有变化，这就是子网掩码。

　　RFC 950 定义了子网掩码的使用。子网掩码是一个 32 位的二进制数，其对应网络地址的所有位置都为 1，对应于主机地址的所有位置都为 0。由此可知，A 类网络的默认子网掩码是 255.0.0.0，B 类网络的默认子网掩码是 255.255.0.0，C 类网络的默认子网掩码是 255.255.255.0。将子网掩码和 IP 地址按位进行逻辑"与"运算，得到 IP 地址的网络地址，剩下的部分就是主机地址，从而区分出任意 IP 地址中的网络地址和主机地址。子网掩码常用点分十进制表示，还可以用 CIDR 的网络前缀法表示掩码，即"/(网络地址位数)"。如 138.96.0.0/16 表示 B 类网络 138.96.0.0 的子网掩码为 255.255.0.0。

　　进行子网划分，通常要考虑这几个因素：进行划分的 IP 地址是什么类型的、要划分成几个子网、每个子网的主机数量。

　　例如，把 192.168.1.0/24 这个网段分成四个子网，每个子网内分别有 60、40、30、10 台主机。进行划分后的四个子网的网络地址是什么？各个子网的 IP 地址范围如何？

　　由于进行划分的是 C 类地址，C 类地址的前 24 位标识网络号，后 8 位要根据实际情况划分子网号和主机号。首先要考虑每个子网能容纳多少主机，由需求可知，最大的子网有 60 台主机，这就需要 6 位来表示(6 位二进制能表示主机数为 2^6 减 2 等于 62，稍大于 60)，那只有 2 位可以表示子网。依此类推，四个子网的划分可以是这样的：

　　192.68.1.64/26(IP 地址范围 192.168.1.65——192.168.1.126，子网掩码 255.255.255.192)

　　192.68.1.128/26(IP 地址范围 192.168.1.129——192.168.1.190，子网掩码 255.255.255.192)

　　192.68.1.192/27(IP 地址范围 192.168.1.193——192.168.1.220，子网掩码 255.255.255.224)

　　192.68.1.224/28(IP 地址范围 192.168.1.225——192.168.1.238，子网掩码 255.255.255.240)

　　划分子网时还需注意的一点是，如今子网号也能为全 0 或全 1。老的协议不使用全 0 全 1 子网号，不使用全 0 和全 1 的子网号能够避免路由和广播时的二义性。后来在 RFC1878 中这个规定已经被废止。要支持全 0 和全 1 子网号，路由器要支持 CIDR 的路由方法，无类路由协议有 RIPv2、OSPF、EIGRP、IS－IS、BGPv4，因为它们在做路由广播时带掩码信息，路由选择是按照最长匹配的原则，对于路由而言的二义性也就不存在了。

6.3.2　虚拟局域网 VLAN

1. VLAN 概述

VLAN(Virtual Local Area Network，虚拟局域网)。是一种通过将局域网内的设备逻辑地而不是物理地划分成一个个网段，从而实现虚拟工作组的新兴技术。VLAN 可以不考虑用户的物理位置，而根据功能、应用等因素将用户从逻辑上划分为一个个功能相对独立的工作组，每个用户主机都连接在一个支持 VLAN 的交换机端口上并属于一个 VLAN。同一个 VLAN 中的成员都共享广播，形成一个广播域，而不同 VLAN 之间广播信息是相互隔离的。这样，将整个网络分割成多个不同的广播域(VLAN)。IEEE 于 1999 年颁布了用以标准化 VLAN 实现方案的 802.1Q 协议标准草案。通过 VLAN 用户能方便地在网络中移动和快捷地组建宽带网络，而无需改变任何硬件和通信线路。这样，网络管理员就能从逻辑上对用户和网络资源进行分配，而无需考虑物理连接方式。VLAN 充分体现了现代网络技术的重要特征：高速、灵活、管理简便和扩展容易。

2. VLAN 的优点

VLAN 是为解决以太网的广播问题和安全性而提出的，它在以太网帧的基础上增加了 VLAN 头，用 VLAN ID 把用户划分为更小的工作组，限制不同工作组间的用户二层互访，每个工作组就是一个虚拟局域网。一个 VLAN 内部的广播和单播流量都不会转发到其他 VLAN 中，即使是两台计算机有着同样的网段，但却没有相同的 VLAN 号，它们各自的广播流也不会相互转发，从而有助于控制流量、减少设备投资、简化网络管理、提高网络的安全性。

VLAN 具有以下优点：

(1)广播风暴防范

限制网络上的广播，将网络划分为多个 VLAN 可减少参与广播风暴的设备数量。LAN 分段可以防止广播风暴波及整个网络。VLAN 可以提供建立防火墙的机制，防止交换网络的过量广播。使用 VLAN，可以将某个交换端口或用户赋于某一个特定的 VLAN 组，该 VLAN 组可以在一个交换网中或跨接多个交换机，在一个 VLAN 中的广播不会送到 VLAN 之外。这样可以减少广播流量，释放带宽给用户应用，减少广播的产生。

(2)增强网络安全

增强局域网的安全性，含有敏感数据的用户组可与网络的其余部分隔离，从而降低泄露机密信息的可能性。不同 VLAN 内的报文在传输时是相互隔离的，即一个 VLAN 内的用户不能和其他 VLAN 内的用户直接通信，如果不同 VLAN 要进行通信，则需要通过路由器或三层交换机等三层设备。

(3)简化网络管理

借助 VLAN 技术，能将不同地点、不同网络、不同用户组合在一起，形成一个虚拟的网络环境，就像使用本地 LAN 一样方便、灵活、有效。VLAN 可以降低移动或变更工作站地理位置的管理费用，特别是一些业务情况有经常性变动的公司使用了 VLAN 后，这部分管理费用大大降低。

3. VLAN 的划分

使用 VLAN 的目的不仅仅是隔离广播，还有安全和管理等方面的应用，例如将重要部门与其他部门通过 VLAN 隔离，即使同在一个网络也可以保证他们不能互相通信，确保重要部门的数据安全；也可以按照不同的部门、人员，位置划分 VLAN，分别赋给不同的权限进行管理。

VLAN 的划分有很多种，可以按照 IP 地址来划分、按照端口来划分、按照 MAC 地址划分或者按照协议来划分，其中按照交换机端口来划分的 VLAN 技术是最常用的一种 VLAN 划分技术，应用也最为广泛。

许多 VLAN 厂商都按照交换机的端口来划分 VLAN 成员。例如，一个交换机的 1、2、3 端口被定义为虚拟局域网 VLAN 10，同一交换机的 4、5、6 端口组成虚拟局域网 VLAN 20，两个虚拟局域网是两个隔离的广播域，如图 6 – 2 所示。

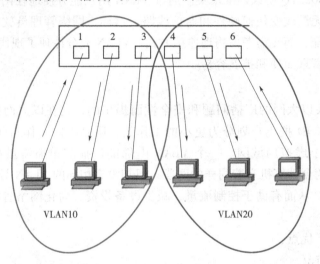

图 6 – 2   两个虚拟局域网

默认情况下交换机只有一个 ID 号为 1 的 VLAN，即 VLAN1，该 VLAN 是不允许被删除的(执行删除该 VLAN 的命令是不会成功的)。默认情况下，交换机所有端口均属于 VLAN1，用户可以通过命令增加所需的 VLAN，并将指定端口加入新增 VLAN，但交换机每个 Access 端口只能属于一个 VLAN。

4. Trunk 干道技术

Trunk(干道)是一种封装技术，它是一条点到点的链路，通过这条链路，可以连接多个交换机中的 VLAN 组成员。还可以采用通过 Trunk 技术和上级交换机级联的方式来扩展接口的数量，可以达到近似堆叠的功能，节省了网络硬件的成本，且扩展了整个网络。

在默认情况下，交换机的所有端口的功能都是相同的，为 Access 模式。但在连接设备时，可以根据连接设备对象的不同，划分 VLAN 的交换机端口，也可以根据转发数据帧功能的不同，分为 Access 模式和 Trunk 模式两种类型端口。

5. Access 模式

如果交换机的端口连接的是终端计算机或服务器，则该端口类型一般指定为 Access 模式。

　　Access 模式即接入设备模式,该端口只能属于一个 VLAN,这也是交换机端口的默认模式。连接在 Access 端口上的设备传送的数据帧的格式与在以太网链路上传送的其他数据帧没有任何区别,即标准的以太网数据帧,不附加任何标识。

6. Trunk 模式

　　如果跨交换机划分 VLAN,如图 6 - 3 所示,则交换机与交换机之间的连接端口一般指定为 Trunk 模式,即干道模式。

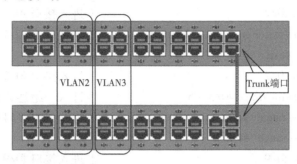

图 6 - 3　Trunk 模式

　　干道上可以承载多个 VLAN,即 Trunk 端口可以传送不同 VLAN 发出的数据帧,该端口属于多个 VLAN。

7. VTP

　　VTP(VLAN Trunking Protocol,VLAN 中继协议),是一个在交换机之间同步及传递 VLAN 配置信息的协议。一个 VTP Server 上的配置将会传递给网络中的所有交换机,通过 VTP 可以减少手工配置 VLAN 从而支持较大规模的网络。

　　VTP 有三种模式,Server 模式、Client 模式和 Transparent 模式。

　　Server 模式:允许创建、修改、删除 VLAN 及其他一些对整个 VTP 域的配置参数,同步本 VTP 域中其他交换机传递来的最新的 VLAN 信息。

　　Client 模式:在 Client 模式下,一台交换机不能创建、删除、修改 VLAN 配置,也不能在 NVRAM 中存储 VLAN 配置,但可以同步由本 VTP 域中其他交换机传递来的 VLAN 信息。

　　Transparent 模式:可以进行创建、修改、删除,也可以传递本 VTP 域中其他交换机送来的 VTP 广播信息,但并不参与本 VTP 域的同步和分配,也不将自己的 VLAN 配置传递给本 VTP 域中的其他交换机,它的 VLAN 配置只影响到它自己。

　　交换机在默认情况下为 Server 模式。

6.3.3　VLAN 基本配置

1. 创建 VLAN

```
Switch#vlan database              ! 进入 VLAN 数据库
Switch( vlan)#vlan 10 name jt     ! 创建 ID 号为 10 的 VLAN,VLAN 命名为 jt
Switch( vlan)#exit
Switch#conf t                     ! 进入全局配置模式
Switch( config)#vlan 20           ! 创建 ID 号为 20 的 VLAN
```

Switch(config – vlan)#name zx　　　! 命名该 VLAN 名称为 zx
Switch(config – vlan)#exit　　　　　! 刚创建的 VLAN,尚未有任何端口属于该 VLAN

2. 将端口加入到 VLAN 中

Switch(config)#interface fastEthernet 0/1　　　　　! 进入接口 f0/1
Switch(config – if)#switchport access vlan 10　　　! 将接口 f0/1 划到 VLAN 10 中
Switch(config – if)#exit
Switch(config)#int f0/2　　　　　　　　　　　　! 进入接口 f0/2
Switch(config – if)#switchport access vlan 10　　　! 将接口 f0/2 划到 VLAN 10 中
Switch(config – if)#exit
Switch(config)#int f0/2　　　　　　　　　　　　! 进入接口 f0/2
Switch(config – if)#int range f0/3 – 5　　　　　　! 进入一组连续接口,f0/3,f0/4,f0/5
Switch(config – if – range)#switchport access vlan 20　! 将这一组接口划到 VLAN 20 中
Switch(config – if – range)#exit
Switch(config)#int f0/9　　　　　　　　　　　　! 进入接口 f0/9
Switch(config – if)#switchport access vlan 30　　　! 将这一组接口划到 VLAN 30 中
　　　　! 此前没有创建 VLAN 30,这时会自动创建好 VLAN 30 ,且自动命名为 VLAN 0030

3. 将端口从 VLAN 中删除

Switch(config)#interface fastEthernet 0/1　　　　　! 进入接口 f0/1
Switch(config – if)#no switchport access vlan 10　　! 将接口 f0/1 从 VLAN 10 中删除
　　　　　　　　　　　　　　　　　　　　　　　! f0/1 接口将属于 VLAN 1
Switch(config – if)#exit
Switch(config – if)#int range f0/3 – 4　　　　　　! 进入一组连续接口,f0/3,f0/4
Switch(config – if – range)#no switchport access vlan 20　! 将这组端口从 VLAN 20 中删除
Switch(config – if – range)#exit

4. 删除 VLAN

Switch#vlan database　　　　　　　　　　　　　　! 进入 VLAN 数据库
Switch(vlan)#no vlan 10　　　　　　　　　　　　! 删除 VLAN 10
　　　　! 此前 f0/2 属于 VLAN 10,这样删除 VLAN 10 后,f0/2 将不属于任何一个 VLAN,
　　　　! 除非重新把 f0/2 加入某个 VLAN
Switch(vlan)#exit
Switch#conf t
Switch(config)#no vlan 30　　　　　　　　　　　! 删除 VLAN 30
Switch(config)#exit

5. 单交换机创建 VLAN

以图所示拓扑为案例做单交换机的 vlan 配置,具体配置如下:
Switch#en
Switch(config)#vlan 10　　　　　　　　　　　　! 创建 VLAN 10
Switch(config – vlan)#exit

```
Switch(config)#vlan 20                              ！创建 VLAN 20
Switch(config－vlan)#exit
Switch(config)#int range f0/1－3                     ！进入一组连续接口 f0/1－3
Switch(config－if－range)#sw access vlan 10           ！加入 VLAN 10
Switch(config－if－range)#exit
Switch(config)#int range f0/4－6                     ！进入一组连续接口 f0/4－6
Switch(config－if－range)#sw access vlan 20           ！加入 VLAN 20
Switch(config－if－range)#exit
Switch(config)#exit
```

测试 VLAN：

把 PC1(IP 为 192.168.1.1/24)接到 f0/1 接口，PC2(IP 为 192.168.1.2/24)接到 f0/2 接口，PC3(IP 为 192.168.1.3/24)接到 f0/6 接口。在 PC1 上 ping 192.168.1.2，结果是通的；在 PC1 上 ping 192.168.1.3，结果是不通的。由此，VLAN 的隔离作用得到验证。

6. 跨交换机创建 VLAN

跨交换机的配置如下：

(1)交换机 1 的配置

```
Switch(config)#vtp domain gdfs                      ！创建 VTP 域,命名为 gdfs
Switch(config)#vtp mode server                      ！VTP 工作模式为 server
Switch(config)#vlan 2                               ！创建 VLAN 2
Switch(config－vlan)#exit
Switch(config)#vlan 3                               ！创建 VLAN 3
Switch(config－vlan)#exit
Switch(config)#int range f0/5－8                     ！进入一组连续接口 f0/5－8
Switch(config－if－range)#sw access vlan 2            ！加入 VLAN 2
Switch(config－if－range)#exit
Switch(config)#int range f0/9－12                    ！进入一组连续接口 f0/9－12
Switch(config－if－range)#sw access vlan 3            ！加入 VLAN 3
Switch(config－if－range)#exit
Switch(config)#int f0/24                            ！进入接口 f0/24
Switch(config－if)#switchport mode trunk             ！设置接口 f0/24 为 Trunk 模式
Switch(config－if)#exit
```

(2)交换机 2 的配置

```
Switch(config)#vtp domain gdfs                      ！加入 VTP 域 gdfs
Switch(config)#vtp mode client                      ！VTP 工作模式为 client
Switch(config)#int f0/23                            ！进入接口 f0/23
Switch(config－if)#switchport mode trunk             ！设置接口 f0/23 为 Trunk 模式
Switch(config－if)#exit
Switch(config)#int range f0/5－8                     ！进入一组连续接口 f0/5－8
```

Switch(config – if – range)#sw access vlan 2   ! 加入 VLAN 2

Switch(config – if – range)#exit

Switch(config)#int range f0/9 – 12   ! 进入一组连续接口 f0/9 – 12

Switch(config – if – range)#sw access vlan 3   ! 加入 VLAN 3

Switch(config – if – range)#exit

7. 查看 vlan 信息

Switch#show vlan brief   ! 查看所有 VLAN 的摘要信息

Switch#show vlan id 1   ! 查看指定 VLAN 的信息

8. 查看端口状态

Switch#show interface f0/24 switchport

9. 在 trunk 上移出 vlan

Switch(config)#int f0/24

Switch(config – if)#switchport trunk allowed vlan remove 2

10. 在 trunk 上添加 vlan

Switch(config)#int f0/24

Switch(config – if)#switchport trunk allowed vlan add 2

6.4　项目实施

1. 项目设备及环境

(1)网线若干。

(2)3 台 2960 交换机器。

(3)9 台 PC。

(4)网络拓扑图如图 6 – 4 所示。

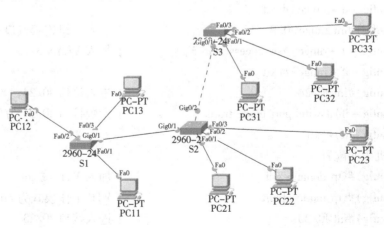

图 6 – 4　网络拓扑图

(5)设备及设备 IP 配置如表 6 – 1 所示。

表 6 - 1　设备及设备 IP 信息列表

设　　　备	接口及 IP 地址	子网掩码	网　　　关
PC11	192. 168. 1. 11	255. 255. 255. 0	
PC12	192. 168. 1. 101	255. 255. 255. 0	
PC13	192. 168. 1. 201	255. 255. 255. 0	
PC21	192. 168. 1. 12	255. 255. 255. 0	
PC22	192. 168. 1. 102	255. 255. 255. 0	
PC23	192. 168. 1. 202	255. 255. 255. 0	
PC31	192. 168. 1. 13	255. 255. 255. 0	
PC32	192. 168. 1. 103	255. 255. 255. 0	
PC33	192. 168. 1. 203	255. 255. 255. 0	
2960 交换机 S1			
2960 交换机 S2			
2960 交换机 S3			

2. 交换机配置过程

（1）交换机 S1 的配置

```
Switch#conf t
Switch(config)#hostname S1
S1(config)#vtp domain jtzb                    ! 创建 VTP 域,命名为 jtzb
S1(config)#vtp mode server                    ! VTP 工作模式为 server
S1(config)#vlan 10                            ! 创建 VLAN 10
S1(config - vlan)#name cwb                     ! VLAN 命名为 cwb
S1(config - vlan)#exit
S1(config)#vlan 20                            ! 创建 VLAN 20
S1(config - vlan)#name gcb                     ! VLAN 命名为 gcb
S1(config - vlan)#exit
S1(config)#vlan 30                            ! 创建 VLAN 30
S1(config - vlan)#name scb                     ! VLAN 命名为 scb
S1(config - vlan)#exit
S1(config)#int f0/1                           ! 进入接口 f0/1
S1(config - if)#sw access vlan 10              ! 加入 VLAN 10
S1(config - if)#exit
S1(config)#int f0/2                           ! 进入接口 f0/2
S1(config - if)#sw access vlan 20              ! 加入 VLAN 20
S1(config - if)#exit
S1(config)#int f0/3                           ! 进入接口 f0/3
S1(config - if)#sw access vlan 30              ! 加入 VLAN 30
S1(config - if)#exit
```

S1（config）#int g0/1　　　　　　　　　　　　　! 进入接口 g0/1

S1（config－if）#switchport mode trunk　　　　! 设置接口 g0/1 为 Trunk 模式

S1（config－if）#exit

（2）交换机 S2 的配置

Switch#conf t

Switch（config）#hostname S2

S2（config）#vtp domain jtzb　　　　　　　　! 创建 VTP 域，命名为 jtzb

S2（config）#vtp mode client　　　　　　　　! VTP 工作模式为 client

S2（config）#int f0/1　　　　　　　　　　　　! 进入接口 f0/1

S2（config－if）#sw access vlan 10　　　　　　! 加入 VLAN 10

S2（config－if）#exit

S2（config）#int f0/2　　　　　　　　　　　　! 进入接口 f0/2

S2（config－if）#sw access vlan 20　　　　　　! 加入 VLAN 20

S2（config－if）#exit

S2（config）#int f0/3　　　　　　　　　　　　! 进入接口 f0/3

S2（config－if）#sw access vlan 30　　　　　　! 加入 VLAN 30

S2（config－if）#exit

S2（config）#int range g0/1－2

S2（config－if－range）#switchport mode trunk　! 设置接口为 Trunk 模式

S2（config－if－range）#exit

（3）交换机 S3 的配置

Switch#conf t

Switch（config）#hostname S3

S3（config）#vtp domain jtzb　　　　　　　　! 创建 VTP 域，命名为 jtzb

S3（config）#vtp mode client　　　　　　　　! VTP 工作模式为 client

S3（config）#int f0/1　　　　　　　　　　　　! 进入接口 f0/1

S3（config－if）#sw access vlan 10　　　　　　! 加入 VLAN 10

S3（config－if）#exit

S3（config）#int f0/2　　　　　　　　　　　　! 进入接口 f0/2

S3（config－if）#sw access vlan 20　　　　　　! 加入 VLAN 20

S3（config－if）#exit

S3（config）#int f0/3　　　　　　　　　　　　! 进入接口 f0/3

S3（config－if）#sw access vlan 30　　　　　　! 加入 VLAN 30

S3（config－if）#exit

S3（config）#int range g0/1

S3（config－if）#switchport mode trunk　　　　! 设置接口为 Trunk 模式

S3（config－if）#exit

（4）验证和测试

① 通过在交换机 S3 上 show vlan 查看 VLAN 划分结果，如图 6-5 所示。

```
S3#show vlan

VLAN Name                             Status    Ports
---- -------------------------------- --------- -------------------------------
1    default                          active    Fa0/4, Fa0/5, Fa0/6, Fa0/7
                                                Fa0/8, Fa0/9, Fa0/10, Fa0/11
                                                Fa0/12, Fa0/13, Fa0/14, Fa0/15
                                                Fa0/16, Fa0/17, Fa0/18, Fa0/19
                                                Fa0/20, Fa0/21, Fa0/22, Fa0/23
                                                Fa0/24, Gig0/2
10   cwb                              active    Fa0/1
20   gcb                              active    Fa0/2
30   scb                              active    Fa0/3
```

图 6-5　VLAN 划分结果

② 通过 ping 命令来进行测试，验证 VLAN 的隔离作用。

PC11 上 ping 192.168.1.12，结果是通的。

PC11 上 ping 192.168.1.13，结果是通的。

PC11 上 ping 192.168.1.101，结果是不通的。

PC11 上 ping 192.168.1.201，结果是不通的。

PC22 上 ping 192.168.1.101，结果是通的。

PC22 上 ping 192.168.1.103，结果是通的。

PC22 上 ping 192.168.1.13，结果是不通的。

PC22 上 ping 192.168.1.203，结果是不通的。

6.5　【项目实训】三层交换机划分 VLAN

本实训要求掌握三层交换机的常用配置命令及三层交换机的 VLAN 配置。

本实训设备及环境要求如下：

(1) 网线若干。

(2) 2 台 2950 交换机器，1 台 3560 交换机。

(3) 6 台 PC。

(4) 网络拓扑图如图 6-6 所示。

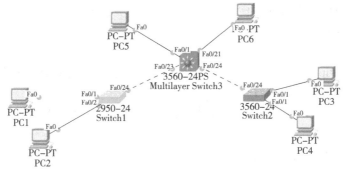

图 6-6　网络拓扑图

(5) 设备及设备 IP 配置如表 6-2 所示。

表6-2 设备及设备 IP 信息列表

设 备	接口及 IP 地址	子网掩码	网 关
PC1	192. 168. 1. 1，接 Switch1 的 F0/1	255. 255. 255. 0	192. 168. 1. 254
PC2	192. 168. 2. 1，接 Switch1 的 F0/2	255. 255. 255. 0	192. 168. 2. 254
PC3	192. 168. 1. 2，接 Switch2 的 F0/1	255. 255. 255. 0	192. 168. 1. 254
PC4	192. 168. 2. 2，接 Switch2 的 F0/2	255. 255. 255. 0	192. 168. 2. 254
PC5	192. 168. 1. 3，接 Switch3 的 F0/1	255. 255. 255. 0	192. 168. 1. 254
PC6	172. 16. 1. 1，接 Switch3 的 F0/21	255. 255. 255. 0	172. 16. 1. 254
2950 交换机 Switch1		VLAN 10 含有 f0/1 VLAN 10 含有 f0/2	F0/24 为 trunk 口
2950 交换机 Switch2		VLAN 10 含有 f0/1 VLAN 10 含有 f0/2	F0/24 为 trunk 口
3560 交换机 Switch3	VLAN 10 192. 168. 1. 254/24 VLAN 20 192. 168. 2. 254/24 F0/21　172. 16. 1. 254/24	VLAN 10 含有 f0/1 - 3 VLAN 10 含有 f0/4 - 6 Vtp　server	F0/23 - 24 为 trunk 口

本实训过程如下：

(1)构建好网络拓扑图，配置好 PC1、PC2 的 IP 地址。

(2)交换机 Swicth3 配置如下：

```
Switch > en
Switch#conf t
Switch(config)#vtp domain jtzb                          ! 创建 VTP 域,命名为 jtzb
Switch(config)#vtp mode server                          ! VTP 工作模式为 server
Switch(config)#exit
Switch#vlan database
Switch(vlan)#vlan 10 name zx
Switch(vlan)#vlan 20 name hq
Switch(vlan)#exit
Switch#conf t
Switch(config)#ip routing                               ! 开启三层交换机路由功能
Switch(config)#int range f0/1 - 3
Switch(config - if - range)#sw access vlan 10           ! 加入 VLAN 10
Switch(config - if - range)#exit
Switch(config)#int range f0/4 - 6
Switch(config - if - range)#sw access vlan 20           ! 加入 VLAN 20
Switch(config - if - range)#exit
Switch(config)#int vlan 10
```

Switch(config – if)#no shutdown

Switch(config – if)#ip address 192.168.1.254 255.255.255.0　! 配置 VLAN 10 接口 IP

Switch(config – if)#exit

Switch(config)#int vlan 20

Switch(config – if)#no shutdown

Switch(config – if)#ip address 192.168.2.254 255.255.255.0　! 配置 VLAN 20 接口 IP

Switch(config – if)#exit

Switch(config)#int f0/21

Switch(config – if)#no shutdown

Switch(config – if)#no switchport　　　　　　　　　　　　! 将接口切换为 3 层接口

Switch(config – if)#ip address 172.16.1.254 255.255.255.0　! 配置接口 IP

Switch(config)#int range f0/23 – 24

Switch(config – if – range)#switchport trunk encapsulation dot1q

Switch(config – if – range)#switchport mode trunk

Switch(config – if – range)#exit

(3)交换机 Swicth1 配置如下:

Switch > en

Switch#conf t

Switch(config)#vtp domain jtzb　　　　　　　　! 创建 VTP 域,命名为 jtzb

Switch(config)#vtp mode client　　　　　　　　! VTP 工作模式为 client

Switch(config)#int f0/1

Switch(config – if)#sw access vlan 10　　　　　! 加入 VLAN 10

Switch(config)#int f0/2

Switch(config – if)#sw access vlan 20　　　　　! 加入 VLAN 20

Switch(config – if)#exit

(4)交换机 Swicth2 的配置同 Swicth1。

(5)测试:

在 PC1 上 ping　192.168.1.2,结果是通的。

在 PC1 上 ping　192.168.1.3,结果是通的。

在 PC1 上 ping　192.168.2.2,结果是通的。

在 PC1 上 ping　172.16.1.1,结果是通的。

项 目 小 结

　　随着企业的发展,更多的设备接入网络,网络的规模进一步扩大,更多的资源实现了共享。但是相互连接在一起的网络设备会因为相互广播带来效率下降、安全性下降等问题。通过在交换机上应用 VLAN 技术,把大的网络划分为独立子网,将大的广播域划分为多个小的广播域,从而提高网络的效率和安全性。

习 题

一、选择题

1. 对于引入 VLAN 的二层交换机，下列说法不正确的是（　　）。

A. 任何一个帧都不能从自己所属的 VLAN 被转发到其他的 VLAN 中

B. 每一个 VLAN 都是一个独立的广播域

C. 每一个人都不能随意地从网络上的一点，毫无控制地直接访问另一点的网络或监听整个网络上的帧

D. VLAN 隔离了广播域，但并没有隔离各个 VLAN 之间的任何流量

2. 下列关于 VLAN 的描述中，不正确的是（　　）。

A. 一个 VLAN 形成一个小的广播域，同一个 VLAN 的成员都在由所属 VLAN 确定的广播域内

B. VLAN 技术被引入到网络解决方案中来，用于解决大型的二层网络面临的问题

C. VLAN 的划分必须基于用户地理位置，受物理设备的限制

D. VLAN 在网络中的应用增强了通信的安全性

3. 下列关于 VLAN 特性的描述中，不正确的是（　　）。

A. VLAN 技术是在逻辑上对网络进行划分

B. VLAN 技术增强了网络的健壮性，可以将一些网络故障限制在一个 VLAN 之内

C. VLAN 技术有效地限制了广播风暴，但并没有提高带宽的利用率

D. VLAN 配置管理简单，降低了管理维护的成本

4. 下列关于 S3526 交换机的接入链路和干道链路叙述中不正确的是（　　）。

A. 接入链路指的用于连接主机或服务器和交换机的链路

B. 接入链路不可以包含多个端口

C. 干道链路是只能承载一个 VLAN 数据的链路

D. 干道链路通常用于交换机间的互连，或者连接交换机和路由器

5. 下列关于命令配置模式的叙述不正确的是（　　）。

A. 可以在全局配置模式下执行添加 VLAN 的配置命令

B. 设置端口 PVID 的配置命令模式为以太网接口配置模式

C. 设置相应的端口链路为干道链路的配置命令模式为以太网接口模式

D. 向 VLAN 中增加端口的配置命令模式是全局模式

6. 在默认配置下，交换机的所有端口（　　）。

A. 属于同一 VLAN　　B. 属于不要 VLAN　　C. 处于 DOWN 状态　　D. 工作于 Trunk 模式

7. 连接在不同交换机上的，但属于同一 VLAN 的数据帧必须通过（　　）传输。

A. 路由器　　　　　B. 接入链路　　　　　C. Trunk 链路　　　　　D. 服务器

8. VTP 用于大型交换网络中简化 VLAN 的管理。按照 VTP 协议，交换机的运行模式分为三种：服务器、客户机和透明模式。下面关于 VTP 协议的描述中，错误的是（　　）。

A. 交换机在服务器模式下能创建、添加、删除和修改 VLAN 配置

B. 一个管理域中只能有一个服务器

C. 在透明模式下可以进行 VLAN 配置，但不能向其他交换机传播配置信息

D. 交换机在客户机模式下不允许创建、修改或删除 VLAN

9. 新交换机出厂时的默认配置是(　　)。

A. 预配置为 VLAN1，VTP 模式为服务器

B. 预配置为 VLAN1，VTP 模式为客户机

C. 预配置为 VLAN0，VTP 模式为服务器

D. 预配置为 VLAN0，VTP 模式为透明模式

10. 按照 Cisco 公司的 VLAN 中继协议(VTP)，当交换机处于(　　)模式时，可以改变 VLAN 配置，并把 VLAN 配置信息分发到管理域的所有交换机。

A. 客户机(Client)　　　　　　　　　B. 传输(Transmission)

C. 服务器(Server)　　　　　　　　　D. 透明(Transparent)

11. 划分 VLAN 的方法有多种，这些方法中不包括(　　)。

A. 根据端口划分　　　　　　　　　　B. 根据路由设备划分

C. 根据 MAC 地址划分　　　　　　　D. 根据 IP 地址划分

12. VLAN 中继协议(VTP)有三种工作模式：服务器、客户机和透明模式，下面关于这三种工作模式的叙述中，错误的是(　　)。

A. 在服务器模式下可以设置 VLAN 信息

B. 在服务器模式下可以广播 VLAN 配置信息

C. 在客户机模式下不可以设置 VLAN 信息

D. 在透明模式下不可以设置 VLAN 信息

13. 对 C 类网络 192.168.1.0/24 进行子网划分，划分后的子网都使用掩码 255.255.255.192，则可用子网数为(　　)，每个子网内可用主机地址数为(　　)。

A. 4　62　　　　　B. 3　64　　　　　C. 2　60　　　　　D. 6　62

14. 三个网段 192.168.1.0/24、192.168.2.0/24、192.168.3.0/24 能够汇聚成下面(　　)网段。

A. 192.168.1.0/22　　　　　　　　　B. 192.168.2.0/22

C. 192.168.3.0/22　　　　　　　　　D. 192.168.0.0/22

15. 某公司申请到一个 C 类 IP 地址，但要连接六个子公司，最大的一个子公司有 26 台计算机，每个子公司在一个网段中，则子网掩码应设为(　　)。

A. 255.255.255.0　　　　　　　　　B. 255.255.255.128

C. 255.255.255.192　　　　　　　　D. 255.255.255.224

16. 一台 IP 地址为 10.110.9.113/21 主机在启动时发出的广播 IP(　　)。

A. 10.110.9.255　　　　　　　　　　B. 10.110.15.255

C. 10.110.255.255　　　　　　　　　D. 10.255.255.255

17. 规划一个 C 类网，需要将网络分为九个子网，每个子网最多 15 台主机，下列(　　)是合适的子网掩码。

A. 255.255.224.0　　　　　　　　　B. 255.255.255.224

C. 255.255.255.240　　　　　　　　D. 以上都不对

18. 一个 C 类地址：192.168.5.0，进行子网规划，要求每个子网有 10 台主机，使用（　　　）子网掩码划分最合理。

A. 使用子网掩码 255.255.255.192 　　　B. 使用子网掩码 255.255.255.224

C. 使用子网掩码 255.255.255.240 　　　D. 使用子网掩码 255.255.255.252

19. IP 地址为 192.168.12.72，子网掩码为 255.255.255.192，该地址所在网段的网络地址和广播地址为（　　　）。

A. 192.168.12.32，192.168.12.127 　　　B. 192.168.0.0，255.255.255.255

C. 192.168.12.43，255.255.255.128 　　　D. 192.168.12.64，192.168.12.127

20. 172.16.10.32/24 代表的是（　　　）。

A. 网络地址 　　　B. 主机地址 　　　C. 组播地址 　　　D. 广播地址

二、填空题

1. 划分子网后，每个子网的网络地址是借用基于类的网络地址的＿＿＿＿＿＿＿＿＿＿创建的。

2. VLAN 是一种逻辑网段的划分方法，它的优点有防范广播风暴、增强网络安全和＿＿＿＿＿＿＿＿＿等诸多方面的好处。

3. ＿＿＿＿＿＿＿＿＿＿是一种数据封装技术，它是一条点到点的链路，通过这条链路，可以连接多个交换机中的 VLAN 组成员。

4. VLAN 的划分有很多种，可以按照 IP 地址来划分、＿＿＿＿＿＿＿＿＿、按照 MAC 地址划分或者按照协议来划分。

5. 阅读以下说明，将解答填入对应的解答栏内。

图 6-7 是在网络中划分 VLAN 的连接示意图。VLAN 可以不考虑用户的物理位置，而根据功能、应用等因素将用户从逻辑上划分为一个个功能相对独立的工作组，每个用户主机都连接在支持 VLAN 的交换机端口上，并属于某个 VLAN。

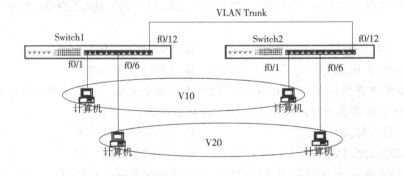

图 6-7　划分 VLAN 的连接示意图

（1）创建一个名字为 v10 的虚拟局域网的配置命令如下，请给出空白处的配置内容。

Switch#＿＿＿①＿＿＿（进入 VLAN 配置模式）

Switch(vlan)#＿＿＿②＿＿＿（创建 Vlan 10 并命名为 V10）

Switch(vlan)#＿＿＿③＿＿＿（完成并退出）

（2）使 Switch 1 的 f0/12 端口工作的 Trunk 模式，并允许所有 VLAN 通过的配置命令如下，请给出空白处的配置内容。

　　Switchl(conffig)#interface f0/12(进入端口 f0/12 配置模式)

　　Switchl(conffig – if)#switchport mode ＿＿＿④＿＿＿

　　Switchl(conffig – if)#switchport mode ＿＿＿⑤＿＿＿

　　(3)将 Switch l 的端口 f0/1 划入 v10 的配置命令如下，请给出空白处的配置内容：

　　Switchl(conffig)#interface f0/1(进入端口 f0/1 配置模式)

　　Switchl(conffig – if)#switchport mode ＿＿＿⑥＿＿＿

　　Switchl(conffig – if)#switchport ＿＿＿⑦＿＿＿

三、分析题

　　某公司目前有 5 个部门 A 至 E，其中，A 部门有 50 台 PC，B 部门有 20 台 PC，C 部门有 30 台 PC，D 部门有 15 台 PC，E 部门有 20 台 PC，企业信息部经理分配了一个总的网络地址 192.168.2.0/24 给网络管理员，网络管理员的任务是为每个部门划分单独的子网，该如何划分？

项目 7

网络互通

7.1 应用场景

某企业总部在深圳，在各地有多家分公司，各公司网络已经正常运转，广州分公司使用 RIP 动态路由组网，深圳总部使用 OSPF 动态路由组网，新的佛山分公司也将并入网络。作为企业总部的网管，现在需要将总部、各公司间的网络连通起来。

7.2 解决方案

深圳总部与广州分公司的网络使用不同的动态路由，两个网络连接起来后，可以通过边界路由器执行路由重发布，使得两网络能互通。对于新并入的佛山分公司网络，可以接入到广州分公司，通过静态路由以及边界路由器的静态路由重发布实现网络互通。

解决方案的模拟网络拓扑图如图 7 – 1 所示。

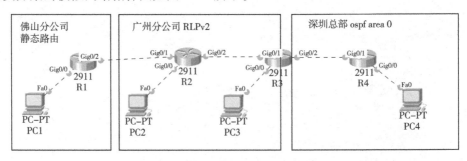

图 7 – 1　模拟网络拓扑图

7.3 相关知识

7.3.1 网关概述

网关（Gateway）又称网间连接器、协议转换器。网关在传输层上以实现网络互连，是最复杂的网络互连设备，仅用于两个高层协议不同的网络互连。网关的结构也和路由器类似，不同的是互连层。网关既可以用于广域网互连，也可以用于局域网互连。网关是一种充当转换重任的计算机系统或设备。在使用不同的通信协议、数据格式或语言，甚至体系结构完全不同的两种系统之间，网关是一个翻译器。与网桥只是简单地传达信息不同，网关对收到的信息要重新打包，以适应目的系统的需求。同时，网关也可以提供过滤和安全功能。大多数网关运行在 OSI 七层协议的顶层——应用层。

　　网关实质上是一个网络通向其他网络的 IP 地址。比如有网络 A 和网络 B，网络 A 的 IP 地址范围为 192.168.1.1 ~ 192.168.1.254，子网掩码为 255.255.255.0；网络 B 的 IP 地址范围为 192.168.2.1 ~ 192.168.2.254，子网掩码为 255.255.255.0。在没有路由器的情况下，两个网络之间是不能进行 TCP/IP 通信的，即使是两个网络连接在同一台交换机（或集线器）上，TCP/IP 协议也会根据子网掩码（255.255.255.0）判定两个网络中的主机是否处在同一个网络中。而要实现这两个网络之间的通信，则必须通过网关。如果网络 A 中的主机发现数据包的目的主机不在本地网络中，就把数据包转发给它自己的网关，再由网关转发给网络 B 的网关，网络 B 的网关再转发给网络 B 的某个主机。网络 B 向网络 A 转发数据包的过程也是如此。

　　所以，配置 IP 地址信息时，只有设置好网关，TCP/IP 协议才能实现不同网络之间的相互通信。那么这个网关 IP 地址是哪台机器的 IP 地址呢？网关的 IP 地址是具有路由功能的设备的 IP 地址，具有路由功能的设备有路由器、启用了路由协议的服务器、代理服务器，这些设备是一种负责寻径的网络设备，在互连网络中从多条路径中寻找通信量最少的一条网络路径提供给用户通信。路由器用于连接多个逻辑上分开的网络，对用户提供最佳的通信路径，路由器利用路由表为数据传输选择路径，路由表包含网络地址以及各地址之间距离的清单，路由器利用路由表查找数据包从当前位置到目的地址的正确路径。路由器使用最少时间算法或最优路径算法来调整信息传递的路径，如果某一网络路径发生故障或堵塞，路由器可选择另一条路径，以保证信息的正常传输。路由器可进行数据格式的转换，成为不同协议之间网络互连的必要设备。

　　路由器和网关都是网络中连接不同子网的主机，两者都可对到达该主机的数据包进行转发。但两者具有本质区别。路由器相对网关而言较为简单。路由器工作在 OSI 模型的物理层、链路层和网络层，它们将来自某个网络的包路由到互联网上任何可能的目的网络中。路由器区别于网关的最大之处于路由器本身只能在使用相同协议的网络中转发数据包。而网关是一个协议转换器，它可以接收一种协议的数据包如 AppleTalk 格式的包，然后在转发之前将其转换成另一种协议形式的包如 TCP/IP 格式继而发送出去。另外网关可能工作在 OSI 模型的所有七层之中。另外，多协议路由器仅仅表示该路由器可转发多种协议格式的包，如一个路由器既可转发 IP 格式的包，也里可转发 IPX（Novell 网的网络层协议）格式的包，如此工作模式的路由器对于每种协议都有一张路由表。多协议路由器与单协议路由器本质相同，且区别于网关，多协议路由器仍然不可对数据包进行协议上的格式转换，而仅仅在于其内部集成了多个协议的路由器，使得其可以转发多种协议格式的数据包，而网关可更改数据包的格式。

7.3.2　路由概述

1. 路由与路由器

　　路由是指通过相互连接的网络把信息从源地点移动到目标地点的活动。一般来说，在路由过程中，信息至少会经过一个或多个中间结点。与交换相比，两者之间的主要区别是交换发生在 OSI 参考模型的第二层（数据链路层），而路由发生在第三层，即网络层。这一区别决定了路由和交换在移动信息的过程中需要使用不同的控制信息，所以两者实现各自功能的方式是不同的。

路由器是用于连接多个逻辑上分开的网络，所谓逻辑网络，是代表一个单独的网络或者一个子网。当数据从一个子网传输到另一个子网时，可通过路由器来完成。因此，路由器具有判断网络地址和选择路径的功能，它能在多网络互连环境中，建立灵活的连接，可用完全不同的数据分组和介质访问方法连接各种子网。路由器只接受源站或其他路由器的信息，属网络层的一种互联设备，它不关心各子网使用的硬件设备，但要求运行与网络层协议相一致的软件。

路由器的主要工作是为经过路由器的每个数据帧寻找一条最佳传输路径，并将该数据有效地传送到目的站点。由此可见，选择最佳路径的策略即路由算法是路由器的关键所在。为了完成这项工作，在路由器中保存着各种传输路径的相关数据——路由表，供路由选择时使用。路由表中保存着子网的标志信息、网上路由器的个数和下一个路由器的名字等内容。路由表可以是由网络管理员固定设置好的，也可以由路由器自动调整。

2. 路径的选择

metric 是路由算法用以确定到达目的地的最佳路径的计量标准，如路径长度。为了帮助选择路径，路由算法初始化并维护包含路径信息的路由表，路径信息根据使用的路由算法不同而不同。

路由算法根据许多信息来填充路由表。目的/下一跳地址对告知路由器到达该目的的最佳方式是把分组发送给代表"下一跳"的路由器，当路由器收到一个分组，它就检查其目标地址，尝试将此地址与其"下一跳"相联系。

路由表还可以包括其他信息。路由表比较 metric 以确定最佳路径，这些 metric 根据所用的路由算法而不同。路由器彼此通信，通过交换路由信息维护其路由表，路由更新信息通常包含全部或部分路由表，通过分析来自其他路由器的路由更新信息，该路由器可以建立网络拓扑图。路由器间发送的另一个信息是链接状态广播信息，它通知其他路由器发送者的链接状态，链接信息用于建立完整的拓扑图，使路由器可以确定最佳路径。

3. 路由算法的设计目标

路由算法可以根据多个特性来加以区分。首先，算法设计者的特定目标影响了该路由协议的操作；其次，存在多种路由算法，每种算法对网络和路由器资源的影响都不同；最后，路由算法使用多种 metric，影响到最佳路径的计算。路由算法通常具有下列设计目标的一个或多个：

（1）优化

优化是指路由算法选择最佳路径的能力，根据 metric 的值和权值来计算。例如有一种路由算法可能使用跳数和延迟，但可能延迟的权值要大些。当然，路由协议必须严格定义计算 metric 的算法。

（2）高效简单

路由算法也可以设计得尽量简单。换句话说，路由协议必须高效地提供其功能，尽量减少软件和应用的开销。当实现路由算法的软件必须运行在物理资源有限的计算机上时高效尤其重要。

（3）稳定

路由算法必须稳定，即在出现不正常或不可预见事件的情况下必须仍能正常处理，例如硬件故障、高负载和不正确的实现。因为路由器位于网络的连接点，当它们失效时会产生重大的问题。最好的路由算法通常是那些经过了时间考验，证实在各种网络条件下都很稳定的算法。

（4）快速聚合

聚合是所有路由器对最佳路径达成一致的过程。当某网络事件使路径断掉或不可用时，路由器通过网络分发路由更新信息，促使最佳路径的重新计算，最终使所有路由器达成一致。聚合很慢的路由算法可能会产生路由环或网路中断。

（5）灵活

灵活即路由算法应该迅速、准确地适应各种网络环境。例如，假定某网段中断，知道问题后，很多路由算法对通常使用该网段的路径迅速选择次佳的路径。路由算法可以设计得可适应网络带宽、路由器队列大小和网络延迟。

4. 路由器的工作原理

路由器的主要工作包括两个方面：一是生成和动态维护路由表；二是根据收到的数据包中的 IP 地址信息查找路由表，确定最佳路由后转发数据。

每台路由器上都存储着一张关于路由信息的表格，这个表格称为路由表。路由表中记录了从路由器到达所有目的网络的路径，即目的网络号与本路由器数据转发接口之间的对应关系。路由器的路由表中有许多条目，每个条目就是一条路由。每个路由条目至少要包含以下内容：路由条目的来源、目的网络地址及其子网掩码、下一跳（Next Hop）地址或数据包转发接口。

（1）路由器生成和更新路由表

路由器启动后能够自动发现直接相连的网络，它会把这些网络的 IP 地址、子网掩码、接口信息记录在路由表中，并将该条目的来源标记为"直连"。

路由器把网络管理员人工设定的路由直接添加到路由表中，并标记为"静态路由"。路由器运行路由协议，与相邻的路由器之间交换路由信息，根据搜集到的信息了解网络的结构，发现目的网络，按照特定的路由算法进行计算，生成到达目的网络的路由条目，添加到路由表中，并将该条目的来源标记为生成它所使用的路由协议。路由器会根据网络状态的变化随时更新这些通过学习而得到的路由，因此这些路由统称为动态路由。

在网络的运行过程中，各路由器之间周期性地交换路由信息。当网络或链路状态变化时，路由器会及时发出有关信息的通告，其他路由器收到通告信息后会重新进行路由计算并更新相应的路由条目，以保证路由的正确、有效。

（2）路由选择和数据转发

下面通过一个例子来说明路由器的路由选择和数据转发过程，网络拓扑图如图 7 - 2 所示，路由器 R1 的路由表分别如表 7 - 1 所示，PC1 向 PC2 传送信息的过程如下所述：

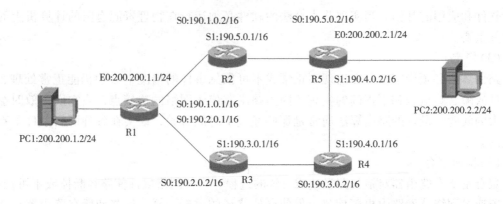

图7-2 网络拓扑图

表7-1 R1的路由表

目标网络	子网掩码	下一跳	转发接口
200.200.1.0	255.255.255.0		E0
190.1.0.0	255.255.0.0		S0
190.2.0.0	255.255.0.0		S1
190.3.0.0	255.255.0.0	190.2.0.2	S1
190.4.0.0	255.255.0.0	190.2.0.2	S1
190.5.0.0	255.255.0.0	190.1.0.2	S0
200.200.2.0	255.255.255.0	190.1.0.2	S0

① PC1 将 PC2 的地址 200.200.2.2 连同数据信息以数据帧的形式发送给路由器 R1。

② 路由器 R1 收到 PC1 发来的数据帧后，先从报头中取出目标地址 200.200.2.2，并根据路由表计算出发往 PC2 的最佳路径 R1→R2→R5→PC2，并将数据帧从 S0 接口转出发往路由器 R2。

③ 路由器 R2 重复类似路由器 R1 的工作，并将数据帧从 S1 接口转出发给路由器 R5。

④ 路由器 R5 同样取出目的地址，发现 200.200.2.0 就在该路由器 E0 接口所连接的网段上，于是将该数据帧从 E0 接口转出直接交给 PC2。

⑤ PC2 收到 PC1 的数据帧，一次通信过程宣告结束。

可见，PC1 到 PC2 的通信过程，是通过多个路由器的接力传递数据帧的过程。

7.3.3 静态路由

静态路由是由管理员在路由器中手动配置的固定路由，路由明确地指定了包到达目的地必须经过的路径，除非网络管理员干预，否则静态路由不会发生变化。通常情况下静态路由管理距离最短，优先级最高，当动态路由与静态路由发生冲突时，以静态路由为准。静态路由不能对网络的改变做出反应，一般用于网络规模不大、拓扑结构相对固定的网络。在这样的环境中，网络管理员易于清楚地了解网络的拓扑结构，便于设置正确的路由信息。

静态路由特点：

(1)它允许对路由的行为进行精确的控制。

(2)减少了网络流量。

(3)是单向的。

(4)配置简单。

还有一种特殊的静态路由，当路由表中与包的目的地址之间没有匹配的表项时路由器能够做出的选择，这就是默认路由。如果没有默认路由，那么目的地址在路由表中没有匹配表项的包将被丢弃。默认路由在某些时候非常有效，当存在末梢网络时，默认路由会大大简化路由器的配置，减轻管理员的工作负担，提高网络性能。

大型和复杂的网络环境通常不宜采用静态路由。一方面，网络管理员难以全面地了解整个网络的拓扑结构；另一方面，当网络的拓扑结构和链路状态发生变化时，路由器中的静态路由信息需要大范围地调整，这一工作的难度和复杂程度非常高。

7.3.4　RIP 协议

与静态路由相对，动态路由是网络中路由器之间根据实时网络拓扑的变化，相互通信传递路由信息，利用收到的路由信息通过路由选择协议计算，更新路由表的过程。

1. RIP 的简介

路由信息协议(RIP)是一种动态路由选择，它基于距离向量算法(D - V)，总是按最短的路由做出相同的选择。这种协议的路由器只关心自己周围的世界，只与自己相邻的路由器交换信息，范围限制在 15 跳(15°)之内。

RIP 是应用较早、使用较普遍的内部网关协议，适用于小型同类网络，是典型的距离向量协议。

RIP 通过广播 UDP 报文来交换路由信息，每 30 s 发送一次路由信息更新。RIP 提供跳跃计数作为尺度来衡量路由距离，跳跃计数是一个包到达目标所必须经过的路由器的数目。如果到相同目标有两个不等速或不同带宽的路由器，但跳跃计数相同，则 RIP 认为两个路由是等距离的。RIP 最多支持的跳数为 15，即在源和目的网间所要经过的最多路由器的数目为 15，跳数 16 表示不可达。

2. RIP 协议路由表更新机制

为了更好地理解 RIP 协议路由表的更新机制，下面以图 7 - 3 所示的简单的互连网络为例来讨论图中各个路由器中的路由表是如何建立的。

图 7 - 3　RIP 路由表建立网络示例

(1)开始时，所有路由器中的路由表只有自己所直接连接的网络的路由表项信息。但不是 RIP 路由表项，是直连路由表项，且无须下一跳(用"—"表示)，度量"距离"也均为 0，各路由器的初始路由表如表 7 - 2 所示，均只有两条直连网络的路由表项。

表7-2　R1、R2 和 R3 的初始路由表

R1 的路由表			R2 的路由表			R3 的路由表		
目的网络	下一跳	距离	目的网络	下一跳	距离	目的网络	下一跳	距离
10.0.0.0	—	0	20.0.0.0	—	0	30.0.0.0	—	0
20.0.0.0	—	0	30.0.0.0	—	0	40.0.0.0	—	0

（2）接下来，各路由器就会按设置的周期（默认为30 s）向邻居路由器发送路由更新。具体哪个路由器会先发送路由更新，取决于哪个路由器先打开。现假设路由器 R2 先收到来自路由器 R1 和 R3 的路由更新，然后就更新自己的路由表，如表7-3所示。从中可以看出，它新添加了分别通过 R1 和 R3 到达 10.0.0.0 网络和30.0.0.0 网络的路由表项，度量值均为1，因为它只经过了一跳。

表7-3　更新后的 R2 的路由表

R2 的路由表			R2 的路由表		
目的网络	下一跳	距离	目的网络	下一跳	距离
20.0.0.0	—	0	10.0.0.0	—	1
30.0.0.0	—	0	40.0.0.0	—	1

（3）R2 更新自己的路由表后，会把完整的路由表发给邻居路由器 R1 和 R3。路由器 R1 和 R3 分别再进行更新。根据 RIP 路由表更新的规则，R1 首先是把从 R2 上接收到如表7-3所示的路由表的每项度量进行加1，得到的路由表如表7-4所示。

表7-4　R1 预处理由 R2 发来的路由表

目的网络	下一跳	距离	目的网络	下一跳	距离
20.0.0.0	20.0.0.9	1	10.0.0.0	20.0.0.9	2
30.0.0.0	20.0.0.9	1	40.0.0.0	20.0.0.9	2

（4）然后 R1 再把表7-4所示的路由表与自己原来的路由表进行比较，凡是新添加的，和度量值小于等于原来的路由表项均将更新，度量值更大的路由表项将忽略更新。经过行比较发现有两条新的路由表项，其目的网络分别为30.0.0.0 和40.0.0.0，直接在路由表中添加。而原来已有的两条 10.0.0.0 和 20.0.0.0 表项，发现路由度量（"距离"）值1比原来的0还大，忽略更新，结果就得到 R1 更新后的路由表，如表7-5所示。

表7-5　R1 在收到 R2 路由更新后的路由表

目的网络	下一跳	距离	目的网络	下一跳	距离
10.0.0.0	—	0	30.0.0.0	20.0.0.9	1
20.0.0.0	—	0	40.0.0.0	20.0.0.9	2

（5）用同样的方法可以得出 R3 在收到 R2 路由更新后的路由表，如表7-6所示。但 RIP 路由协议存在一个问题，就是网络收敛比较慢，当网络出现故障时，要经过比较长的

时间才能将此信息传送到所有的路由器，而且中间有许多是无效路由更新。

表 7 - 6　R3 在收到 R2 路由更新后的路由表

目的网络	下一跳	距离	目的网络	下一跳	距离
30. 0. 0. 0	—	0	10. 0. 0. 0	30. 0. 0. 2	2
40. 0. 0. 0	—	0	20. 0. 0. 0	30. 0. 0. 2	1

现在三个路由器都已建立各自的稳定路由表。

3. 路由循环

距离向量类的算法容易产生路由循环，RIP 是距离向量算法的一种，所以它也不例外。如果网络上有路由循环，信息就会循环传递，永远不能到达目的地。为了避免这个问题，RIP 等距离向量算法实现了下面四个机制。

（1）水平分割：水平分割保证路由器记住每一条路由信息的来源，并且不在收到这条信息的端口上再次发送它。这是保证不产生路由循环的最基本措施。

（2）毒性逆转：当一条路径信息变为无效之后，路由器并不立即将它从路由表中删除，而是用 16，即不可达的度量值将它广播出去。这样虽然增加了路由表的大小，但对消除路由循环很有帮助，它可以立即清除相邻路由器之间的任何环路。

（3）触发更新：当路由表发生变化时，更新报文立即广播给相邻的所有路由器，而不是等待 30 s 的更新周期。同样，当一个路由器刚启动 RIP 时，它广播请求报文。收到此广播的相邻路由器立即应答一个更新报文，而不必等到下一个更新周期。这样，网络拓扑的变化会最快地在网络上传播开，减少了路由循环产生的可能性。

（4）抑制计时：一条路由信息无效之后，一段时间内这条路由都处于抑制状态，即在一定时间内不再接收关于同一目的地址的路由更新。如果，路由器从一个网段上得知一条路径失效，然后，立即在另一个网段上得知这个路由有效。这个有效的信息往往是不正确的，抑制计时避免了这个问题，而且，当一条链路频繁起停时，抑制计时减少了路由的浮动，增加了网络的稳定性。

即便采用了上面的四种方法，路由循环的问题也不能完全解决，只是得到了最大程度的减少。一旦路由循环真的出现，路由项的度量值就会出现计数到无穷大的情况。这是因为路由信息被循环传递，每传过一个路由器，度量值就加 1，一直加到 16，路径就成为不可达的路径。RIP 选择 16 作为不可达的度量值是很巧妙的，它既足够大，保证了多数网络能够正常运行，又足够小，使得计数到无穷大所花费的时间最短。

4. RIP 的缺陷

RIP 虽然简单易行，并且久经考验，但也存在一些很重要的缺陷，主要有以下几点：

（1）过于简单，以跳数为依据计算度量值，经常得出非最优路由。

（2）度量值以 16 为限，不适合大的网络。

（3）安全性差，接受来自任何设备的路由更新。

（4）不支持无类 IP 地址和 VLSM（Variable Length Subnet Mask，变长子网掩码）。

（5）收敛缓慢，时间经常大于 5 min。

(6)消耗带宽很大。

7.3.5 OSPF 协议

1.开放式最短路径优先(OSPF)协议简介

开放式最短路径优先协议也是一种内部网关协议,它是为克服 RIP 的缺点在 1989 年开发出来的。开放式最短路径优先协议主要用于在自主系统中的路由器之间传输路由信息。相较于路由信息协议,开放式最短路径优先协议适用网络的规模更大,范围更广。此外,开放式最短路径优先协议也摆脱了距离矢量的运算法则,而是基于另外一种运算,由 Dijkstra 提出的最短路径算法。同时,该协议也能支持分层网络,这使得开放式最短路径优先协议的应用更加具有灵活性,广泛性。OSPF 的第二个版本 OSPF2 已成为因特网标准协议。

这里需要注意的是,OSPF 只是一个协议的名字,它并不表示其他的路由选择协议不是"最短路径优先"。实际上,所有的在自治系统内部使用的路由选择协议都是要寻找一条最短的路径。

2.开放式最短路径优先协议基本概念和工作原理

(1)自治系统区域划分

开放式最短路径协议是一种内向型自治系统的路由协议,但是,该协议同样能够完成在不同自治系统内收发信息的功能。为了便于管理,开放式最短路径优先协议将一个自治系统划分为多个区域。

在自治系统所划分出的各个区域中,区域 0 作为开放式最短路径优先协议工作下的骨干网,该区域负责在不同的区域之间传输路由信息。而在不同区域交接处的路由器也被称作区域边界路由器,如果两个区域边界路由器彼此不相邻,虚链路可以假设这两个路由器共享同一个非主干区域,从而使这两个路由器看起来是相连的。对于这样分出的区域来说,各个区域自身的网络拓扑结构是相互不可见的,这样就使得路由信息在网络中的传播大大减少,从而提高了网络性能。图 7-4 所示是一个自治系统及其 OSPF 区域示意图。

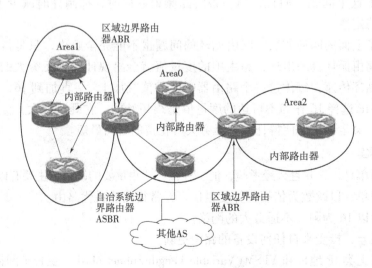

图 7-4 自治系统及其 OSPF 区域示意图

（2）链路状态

在开放式最短路径优先协议中引入了链路状态的概念。所谓链路状态，其包含了链路中附属端口以及量度信息。链路状态公告在更新路由器的网络拓扑结构信息库时被广泛应用。路由器中的网络拓扑结构数据库就是对同一区域中所有路由器发布的链路状态公告的搜集、整理，从而形成以整个网络的拓扑结构图。链路状态公告将会在自治系统的所有区域中传播，而同一区域中的全部路由器所广播的链路状态公告是相同的。但是，对于区域边界路由器来说，这些路由器则负责为不同的区域维持其相应的拓扑结构数据库。

（3）路由通路

开放式最短路径协议定义了两种路由通路，分别为区域内路由通路和区域间路由通路。如果起始点和目的终点在同一区域中，数据分组将会直接从起始点传到目的终点，这称为区域内路由通路。同理，起始点和目的终点不在同一区域中的信息传输，称为区域间路由通路。区域间路由通路相对要复杂得多，由于起始点和目的终点不在同一区域中，数据分组将首先会从起始点传到其所在区域的区域边界路由器。之后，通过骨干区域中的路由数据库，数据分组将会被传输送到目的终点所在区域的区域边界路由器上，进而通过该路由器最终传输到目的终点。

（4）问候信息分组

在开放式最短路径优先协议工作的起始阶段，路由器将会向所有端口发送问候信息分组。问候信息分组是开放式最短路径协议的另一重要组成部分，其作用是建立和维持邻居关系，并选择指派路由器和备份指派路由器。此外，问候信息分组还保证了邻居路由器之间的双工传输方式。当两个共享同一数据链路的路由器对问候信息分组中的数据达成一致时，这两个路由器被称为邻居，即为邻居路由器。这个过程被称为开放式最短路径优先协议的探索机制。

（5）工作原理

开放式最短路径协议开始工作之初，通过问候信息分组确定邻居路由器。邻居路由器确定之后，邻居路由器之间以双工方式进行传输，并且周期性发送问候信息分组以确认邻居路由器是否有效。

在一些邻居路由器之间，通过问候信息分组的交换，由于路由器类型和网络类型的设置，这些邻居路由器将会成为邻接路由器，即虚拟的点对点连接。邻接路由器之间的关系较邻居路由器更高一层，而这些邻接路由器之间链路状态数据库也是同步的。

完成了邻接路由器的确定之后，每个路由器都会向其所有邻接路由器发送链路状态公告。链路状态公告记录了路由器的连接和端口信息，并描述了链路的状态。这些链路分别通向子网、其他路由器、自治系统的其他区域或者外部网络。由于这些链路状态所含有信息的类型不同，开放式最短路径优先协议也定义了多种不同类型的链路状态公告。

当路由器从其邻接路由器处收到链路状态公告后，路由器会把这些链路状态公告存储在其链路状态数据库中，并将这些链路状态公告的拷贝发送给与其相邻接的路由器。通过上述方式，链路状态公告在区域中传递，而同一区域中的所有路由器也实现了链路数据库信息的同步。

链路状态信息库的信息搜集过程完成之后，路由器会根据最短路径优先运算法则，生成一个无循环回路的路由通路图。该图描述了以该路由器自身为基点，到达所有已知目的路由器的最短路径，即开销最小的路径。这个路由通路图被称为最短路径优先树。以这种方式，所有路由器最终产生自身的最短路径优先树，从而完成对整个自治系统的路由配置。

开放式最短路径优先协议采用的是触发更新机制，即当网络的拓扑结构发生改变时，发生改变部分的链路状态公告将会以广播的形式在网络中传播，而不是整个路由通路表，从而提高了网络的工作效率。同时，路由器收到更新信息后，将会使用最短路径优先运算产生新的最短路径优先树，以此完成数据的更新过程。

3. OSPF 的五种分组类型

（1）类型 1，问候信息分组（Hello），用来发现和维持邻接站的可达性。

（2）类型 2，数据库描述分组（Database Description），向邻站给自己的链路状态数据库中的所有链路状态项目的摘要信息。

（3）类型 3，链路状态请求分组（Link State Request），向对方请求发送某些链路状态项目的详细信息。

（4）类型 4，链路状态更新分组（Link State Update），用洪泛法对全网更新链路状态。这种分组是最复杂的，也是 OSPF 协议最核心的部分。路由使用这种分组将其链路状态通知给邻站。

（5）类型 5，链路状态确认分组（Link State Acknowledge），对链路更新分组的确认。

OSPF 规定，每两个邻接路由每隔一段时间要交换一次问候分组，这样就只有那些邻站是可达的。其他的四种分组都是用来进行链路状态数据库的同步。所谓同步，就是指不同路由器的链路状态数据库的内容是一样的。两个同步的路由器称为完全邻接的路由器。不是完全邻接的路由器表明它们虽然在物理上是相邻的，但是其链路状态数据库并没有达到一致。

4. OSPF 协议的特点

OSPF 协议最主要的特征是使用分布式的链路状态协议，而不是像 RIP 协议那样的距离向量协议。OSPF 协议有三个主要特点：

（1）向本自治系统中所有路由器发送信息。这里使用的方法是洪泛法，就是路由器通过所有输出端口向所有相邻的路由器发送信息。而每个相邻路由器又再将此信息发往其所有的相邻路由器。这样，最终整个区域中所有的路由器都得到了这个信息的一个副本。

（2）发送的信息就是与本路由器相邻的所有路由器的链路状态，但这只是路由器所知道的部分信息。所谓链路状态，其实就是说明本路由器都和哪些路由器相邻，以及该链路的"度量"。OSPF 将这个"度量"用来表示费用、距离、时延、带宽等，默认是基于带宽。

（3）只有当链路状态发生变化时，路由器才向所有路由器用洪泛法发送此信息，而与 RIP 不同，不管网络拓扑有无发生变化，路由器之间都要定期交换路由表信息。

5. 开放式最短路径优先协议的局限

对于开放式最短路径优先协议来说，其更加适应于大型网络，保证可传输的可靠性和安全性，较路由器资讯协议有更短的收敛时间等特点是路由器资讯协议等其他网络协议所不具备的。但是，开放式最短路径优先协议本身也不可避免地存在一些缺陷：

（1）相较于其他网络协议来说，开放式最短路径优先协议的工作方式更为复杂，对于网络配置和操作人员的要求更高，需要操作人员对网络进行前期规划和设计。

（2）开放式最短路径优先协议的工作基于最短路径优先运算法则，而该运算法则较为复杂，需要更多的 CPU 和内存资源，对路由器的性能要求更高，增加了组网时的开销。

7.3.6　路由器的基本配置

配置路由器时的硬件连接、配置方式与配置交换机是一样的,而且部分基本命令也是一样的。

1. 路由器的几种工作模式

(1)一般用户模式

进入路由器时,首先要进入一般用户模式。在这种模式下,用户只能运行少数的命令,而且不能对路由器进行配置。提示符为

Route >

(2)特权用户模式(超级用户模式)

可以使用比一般用户模式下更多的命令。绝大多数命令用于测试网络、检查系统等,不能对端口及网络协议进行配置。提示符为

Route#

由一般用户模式切换到特权权限模式的命令为

Route > enable

(3)全局配置模式

可以设置一些全局性的参数。提示符为

Router (config)#

在特权用户模式下输入命令 config terminal 即可进入。

(4)其他的配置模式(从全局配置模式进入)

① 端口配置模式:可以对接口进行配置,如 IP 地址等。提示符为

Router (config – if)#

在全局配置模式下输入命令 interface [接口] 即可进入。

② 路由配置模式:可以配置路由协议。提示符为

Router (config – route)#

在全局配置模式下输入命令 router [路由协议] 即可进入。

路由器的各模式之间的切换关系和切换命令如图 7 – 5 所示。

2. 路由器基本配置命令

(1)路由器的接口配置过程

路由器的接口通常用于连接一个网络,必须对路由器的接口进行正确的配置,使其正常工作,路由器才能与该网络通信。

接口配置过程一般分为以下几个步骤:

① 进入接口配置模式。

② 配置接口 IP 地址、子网掩码。

③ 激活接口。

④ 配置同步时钟。

例如:

Router > enable

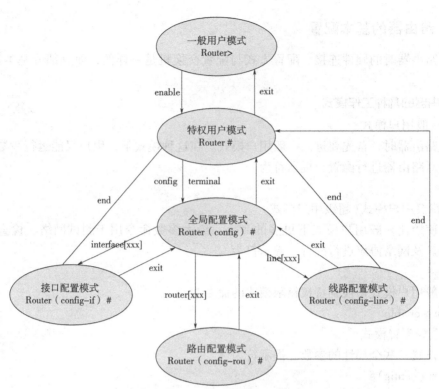

图 7-5   路由器的各种工作模式

Router#config terminal

Router（config）#

Router（config）#interface serial 1/2

Router（config – if）# ip address 192. 168. 10. 1   255. 255. 255. 0

Router（config – if）# no shutdown

Router（config – if）# clock rate 64000

Router（config – if）# exit

"interface serial 1/2"命令用于进入接口配置模式。用户需要配置哪个接口，就进入该接口的配置模式。在"interface"后加上接口类型和接口编号。

"ip address 192. 168. 10. 1   255. 255. 255. 0"命令用于配置接口 IP。直连链路两端的接口应分配同一子网的 IP。例如 R1 的 S1/2 接口和 R2 的 S1/2 接口的 IP 必须是同一子网的 IP，都是 192. 168. 10. 0/24 范围的。

"no shutdown"命令用于激活接口。接口在默认的情况下是关闭的，如果用户希望接口开始工作，需要先将接口激活。

"clock rate 64000"命令用于配置同步时钟。同步链路的时钟率设定为 64 000 bit/s。

（2）路由器的显示命令

通过 show 命令可以查看路由器的 iOS 版本、运行状态、端口配置等信息，如下所示：

Router#show vesion   ！显示 iOS 的版本信息

Router#show running – config   ！显示 RAM 中正在运行的配置文件

Router#show startup – config　　　　　! 显示 NVRAM 中的配置文件

Router#show interface s 1/2　　　　　! 显示 s1/2 接口信息

Router#show flash　　　　　　　　　　! 显示 Flash 信息

Router#show ip rap　　　　　　　　　　! 显示路由器缓存中的 ARP 表

3. 静态路由的配置案例

案例网络拓扑图如图 7 – 6 所示，设备及设备 IP 信息如表 7 – 7 所示。给三个路由器配置静态路由，使全网互通。

图 7 – 6　网络拓扑图

表 7 – 7　设备及设备 IP 信息列表

设　　备	接口及 IP 地址	子网掩码	网　　关
PC1	192. 168. 1. 1	255. 255. 255. 0	192. 168. 1. 254
PC2	192. 168. 2. 1	255. 255. 255. 0	192. 168. 2. 254
2621XM 路由器 Router1	F0/0 192. 168. 1. 254	255. 255. 255. 0	
	F0/1 192. 168. 10. 1	255. 255. 255. 0	
2621XM 路由器 Router2	F0/0 192. 168. 10. 2	255. 255. 255. 0	
	F0/1 192. 168. 20. 1	255. 255. 255. 0	
2621XM 路由器 Router3	F0/0 192. 168. 20. 2	255. 255. 255. 0	
	F0/1 192. 168. 2. 254	255. 255. 255. 0	

（1）路由器 Router1 的配置

Router > en

Router#conf t

Router(config)#int f0/0

Router(config – if)#ip address 192. 168. 1. 254 255. 255. 255. 0

Router(config – if)#no shutdown

Router(config – if)#exit

Router(config)#int f0/1

Router(config – if)#ip address 192. 168. 10. 1　255. 255. 255. 0

Router(config – if)#no shutdown

Router(config – if)#exit

Router(config)#ip route 192. 168. 20. 0　255. 255. 255. 0　192. 168. 10. 2

　　! 添加静态路由,到达目标网络 192. 168. 20. 0/24 的数据包,下一跳是 192. 168. 10. 2

Router(config)#ip route 192. 168. 2. 0　255. 255. 255. 0　192. 168. 10. 2

　　! 添加静态路由,到达目标网络 192. 168. 2. 0/24 的数据包,下一跳是 192. 168. 10. 2

Router(config)#exit

Router#show ip route   ！查看路由表信息

显示的路由表信息如下：

C   192. 168. 1. 0/24 is directly connected, FastEthernet0/0

S   192. 168. 2. 0/24 ［1/0］ via 192. 168. 10. 2

C   192. 168. 10. 0/24 is directly connected, FastEthernet0/1

S   192. 168. 20. 0/24 ［1/0］ via 192. 168. 10. 2

（2）路由器 Router2 的配置

Router＞en

Router#conf t

Router(config)#int f0/0

Router(config－if)#ip address 192. 168. 10. 2   255. 255. 255. 0

Router(config－if)#no shutdown

Router(config－if)#exit

Router(config)#int f0/1

Router(config－if)#ip address 192. 168. 20. 1   255. 255. 255. 0

Router(config－if)#no shutdown

Router(config－if)#exit

Router(config)#ip route 192. 168. 1. 0   255. 255. 255. 0   192. 168. 10. 1

Router(config)#ip route 192. 168. 2. 0   255. 255. 255. 0   192. 168. 20. 2

Router(config)#exit

Router#show ip route

显示的路由表信息如下：

S   192. 168. 1. 0/24 ［1/0］ via 192. 168. 10. 1

S   192. 168. 2. 0/24 ［1/0］ via 192. 168. 20. 2

C   192. 168. 10. 0/24 is directly connected, FastEthernet0/0

C   192. 168. 20. 0/24 is directly connected, FastEthernet0/1

（3）路由器 Router3 的配置

Router＞en

Router#conf t

Router(config)#int f0/0

Router(config－if)#ip address 192. 168. 20. 2 255. 255. 255. 0

Router(config－if)#no shutdown

Router(config－if)#exit

Router(config)#int f0/1

Router(config－if)#ip address 192. 168. 2. 254 255. 255. 255. 0

Router(config－if)#no shutdown

Router(config－if)#exit

Router(config)#ip route 192. 168. 10. 0 255. 255. 255. 0 192. 168. 20. 1

Router(config)#ip route 192. 168. 1. 0 255. 255. 255. 0 192. 168. 20. 1

Router(config)#exit

Router#show ip route

显示的路由表信息如下：

S　192. 168. 1. 0/24 [1/0] via 192. 168. 20. 1

C　192. 168. 2. 0/24 is directly connected，FastEthernet0/1

S　192. 168. 10. 0/24 [1/0] via 192. 168. 20. 1

C　192. 168. 20. 0/24 is directly connected，FastEthernet0/0

（4）路由器 Router1 改用默认路由的配置：

在路由器 Router1 上，在以上配置基础上，先删掉已有的静态路由，再配置默认路由。

Router#conf t

Router(config)#no ip route 192. 168. 20. 0 255. 255. 255. 0 192. 168. 10. 2

　　　　！到达目标网络 192. 168. 20. 0/24 且下一跳是 192. 168. 10. 2 的静态路由被删除

Router(config)#no ip route 192. 168. 2. 0 255. 255. 255. 0 192. 168. 10. 2

　　　　！到达目标网络 192. 168. 2. 0/24 且下一跳是 192. 168. 10. 2 的静态路由被删除

Router(config)#ip route 0. 0. 0. 0 0. 0. 0. 0 192. 168. 10. 2

　　　　！添加默认路由，在其他路由条目都无法匹配时，把报文交给 192. 168. 10. 2

Router#show ip route

显示的路由表信息如下：

S　192. 168. 1. 0/24 [1/0] via 192. 168. 20. 1

C　192. 168. 2. 0/24 is directly connected，FastEthernet0/1

S　192. 168. 10. 0/24 [1/0] via 192. 168. 20. 1

C　192. 168. 20. 0/24 is directly connected，FastEthernet0/0

4. RIP 路由的配置案例

对上述案例，给 3 个路由器配置 RIP 路由，使得全网互通。路由器各接口已激活且 IP 地址已配置好，需要先删掉之前配置的静态路由，再配置 RIP 路由。

（1）路由器 Router1 的配置：

Router > en

Router#conf t

Router(config)#no ip route　0. 0. 0. 0　0. 0. 0. 0　192. 168. 10. 2　　　！删除默认静态路由

Router(config)#router rip

Router(config – router)#version 2

Router(config – router)#network 192. 168. 1. 0　　　！宣告直连网络 192. 168. 1. 0

Router(config – router)#network 192. 168. 10. 0　　　！宣告直连网络 192. 168. 10. 0

Router(config – router)#exit

（2）路由器 Router2 的配置：

Router > en

Router#conf t

Router(config)#no ip route 192. 168. 1. 0 255. 255. 255. 0   192. 168. 10. 1

Router(config)#no ip route 192. 168. 2. 0 255. 255. 255. 0   192. 168. 20. 2

Router(config)#router rip

Router(config – router)#version 2

Router(config – router)#network 192. 168. 10. 0

Router(config – router)#network 192. 168. 20. 0

（3）路由器 Router3 的配置：

Router > en

Router#conf t

Router(config)#no ip route 192. 168. 10. 0 255. 255. 255. 0   192. 168. 20. 1

Router(config)#no ip route 192. 168. 1. 0 255. 255. 255. 0   192. 168. 20. 1

Router(config)#router rip

Router(config – router)#version 2

Router(config – router)#network 192. 168. 20. 0

Router(config – router)#network 192. 168. 2. 0

（4）3 个路由器的 RIP 路由配置完成后，查看各路由器的路由表

在 Router1 上通过执行命令 Router#show ip route ，查看到的路由表信息如下：

C   192. 168. 1. 0/24 is directly connected, FastEthernet0/0

R   192. 168. 2. 0/24 [120/2] via 192. 168. 10. 2, 00:00:12, FastEthernet0/1

C   192. 168. 10. 0/24 is directly connected, FastEthernet0/1

R   192. 168. 20. 0/24 [120/1] via 192. 168. 10. 2, 00:00:12, FastEthernet0/1

在 Router2 上通过执行命令 Router#show ip route，查看到的路由表信息如下：

R   192. 168. 1. 0/24 [120/1] via 192. 168. 10. 1, 00:00:05, FastEthernet0/0

R   192. 168. 2. 0/24 [120/1] via 192. 168. 20. 2, 00:00:08, FastEthernet0/1

C   192. 168. 10. 0/24 is directly connected, FastEthernet0/0

C   192. 168. 20. 0/24 is directly connected, FastEthernet0/1

在 Router3 上通过执行命令 Router#show ip route，查看到的路由表信息如下：

R   192. 168. 1. 0/24 [120/2] via 192. 168. 20. 1, 00:00:07, FastEthernet0/0

C   192. 168. 2. 0/24 is directly connected, FastEthernet0/1

R   192. 168. 10. 0/24 [120/1] via 192. 168. 20. 1, 00:00:07, FastEthernet0/0

C   192. 168. 20. 0/24 is directly connected, FastEthernet0/0

5. OSPF 路由的配置案例

对上述案例，给 3 个路由器配置 OSPF 路由，使得全网互通。路由器各接口已激活且 IP 地址已配置好，本案例需要通过 no router rip 命令关闭 RIP 路由协议，然后再配置 OSPF 路由。这是一个点到点型网络配置单区域 ospf。

在配置 OSPF 路由协议时，要注意回环（LoopBack）接口和路由器 ID。

配置 OSPF 路由协议时，应配置回环接口，这是 Cisco 建议的。所谓回环接口，是逻辑

接口而非物理接口，将作为诊断 OSPF 而用。如果路由器的某一个接口由于故障 down 掉而不可用，此时用户该如何通过 telnet 来连接并进行管理路由器呢？所以就引入了回环接口这个概念。回环接口永远不会 down 掉，用户可通过连上回环接口进行管理。

在 OSPF 路由协议域中每一个路由器必须有一个独立的路由器标识，即路由器 ID，其确定方法如下。

① 如果该路由器配置了 LoopBack 接口的 IP 地址，那么这个 IP 地址就是该路由器的路由器 ID。

② 如果没有配置 LoopBack 接口的 IP 地址，则该路由器的各个接口中最大的 IP 地址就是该路由器的路由器 ID。

③ 如果在 IPv6 环境下没有配置 IPv4 地址，则必须使用命令 Router – ID ＜ IP 地址 ＞来显性配置路由器 ID。

（1）路由器 Router1 的配置：

```
Router#conf t
Router(config)#no router rip                    ! 关闭 RIP 路由协议
Router(config)#int lo0                          ! 进入回环接口 lo0
Router(config – if)#ip address 1. 1. 1. 1 255. 255. 255. 0! 配置回环接口 lo0 的 IP 地址
Router(config – if)#exit
Router(config)#router ospf 1                    ! 启用 OSPF 路由协议,进程号是 1
Router(config – router)#network 1. 1. 1. 0    0. 0. 0. 255 area 1
        ! 地址属于 1. 1. 1. 0/24 的接口划入 OSPF 区域 1,参与 OSPF 的运算
Router(config – router)#network 192. 168. 1. 0    0. 0. 0. 255 area 1
        ! 地址属于 192. 168. 1. 0/24 的接口划入 OSPF 区域 1,参与 OSPF 的运算
Router(config – router)#network 192. 168. 10. 0    0. 0. 0. 255 area 1
        ! 地址属于 192. 168. 10. 0/24 的接口划入 OSPF 区域 1,参与 OSPF 的运算
Router(config – router)#exit
```

（2）路由器 Router2 的配置：

```
Router#conf t
Router(config)#no router rip
Router(config)#int lo0
Router(config – if)#ip address 2. 2. 2. 2 255. 255. 255. 0
Router(config – if)#exit
Router(config)#router ospf 1
Router(config – router)#network 2. 2. 2. 0    0. 0. 0. 255 area 1
Router(config – router)#network 192. 168. 10. 0    0. 0. 0. 255 area 1
Router(config – router)#network 192. 168. 20. 0    0. 0. 0. 255 area 1
Router(config – router)#exit
```

（3）路由器 Router3 的配置：

```
Router#conf t
```

Router(config)#no router rip

Router(config)#int lo0

Router(config – if)#ip address 3.3.3.3 255.255.255.0

Router(config – if)#exit

Router(config)#router ospf 1

Router(config – router)#network 3.3.3.0   0.0.0.255 area 1

Router(config – router)#network 192.168.20.0   0.0.0.255 area 1

Router(config – router)#network 192.168.2.0   0.0.0.255 area 1

Router(config – router)#exit

(4)3 个路由器的 OSPf 路由配置完成后，查看各路由器的路由表

在 Router1 上通过执行命令 Router#show ip route ，查看到的路由表信息如下：

    1.0.0.0/24 is subnetted, 1 subnets

C   1.1.1.0 is directly connected, Loopback0

    2.0.0.0/32 is subnetted, 1 subnets

O   2.2.2.2 [110/2] via 192.168.10.2, 00:04:45, FastEthernet0/1

    3.0.0.0/32 is subnetted, 1 subnets

O   3.3.3.3 [110/3] via 192.168.10.2, 00:03:15, FastEthernet0/1

C   192.168.1.0/24 is directly connected, FastEthernet0/0

O   192.168.2.0/24 [110/3] via 192.168.10.2, 00:03:25, FastEthernet0/1

C   192.168.10.0/24 is directly connected, FastEthernet0/1

O   192.168.20.0/24 [110/2] via 192.168.10.2, 00:03:35, FastEthernet0/1

在 Router2 上通过执行命令 Router#show ip route ，查看到的路由表信息如下：

    1.0.0.0/32 is subnetted, 1 subnets

O   1.1.1.1 [110/2] via 192.168.10.1, 00:06:22, FastEthernet0/0

    2.0.0.0/24 is subnetted, 1 subnets

C   2.2.2.0 is directly connected, Loopback0

    3.0.0.0/32 is subnetted, 1 subnets

O   3.3.3.3 [110/2] via 192.168.20.2, 00:04:52, FastEthernet0/1

O   192.168.1.0/24 [110/2] via 192.168.10.1, 00:06:22, FastEthernet0/0

O   192.168.2.0/24 [110/2] via 192.168.20.2, 00:05:11, FastEthernet0/1

C   192.168.10.0/24 is directly connected, FastEthernet0/0

C   192.168.20.0/24 is directly connected, FastEthernet0/1

在 Router3 上通过执行命令 Router#show ip route ，查看到的路由表信息如下：

    1.0.0.0/32 is subnetted, 1 subnets

O   1.1.1.1 [110/3] via 192.168.20.1, 00:00:20, FastEthernet0/0

    2.0.0.0/32 is subnetted, 1 subnets

O   2.2.2.2 [110/2] via 192.168.20.1, 00:00:20, FastEthernet0/0

    3.0.0.0/24 is subnetted, 1 subnets

C　3.3.3.0 is directly connected, Loopback0

O　192.168.1.0/24 [110/3] via 192.168.20.1, 00:00:20, FastEthernet0/0

C　192.168.2.0/24 is directly connected, FastEthernet0/1

O　192.168.10.0/24 [110/2] via 192.168.20.1, 00:00:20, FastEthernet0/0

C　192.168.20.0/24 is directly connected, FastEthernet0/0

7.4　项目实施

1. 设备及设备 IP 信息列表

设备及设备 IP 信息如表 7-8 所示。

表 7-8　设备及设备 IP 信息列表

设　　备	接口及 IP 地址	子网掩码	网　　关
PC1	192.168.1.1	255.255.255.0	192.168.1.254
PC2	192.168.2.1	255.255.255.0	192.168.2.254
PC3	192.168.3.1	255.255.255.0	192.168.3.254
PC4	192.168.4.1	255.255.255.0	192.168.4.254
2911 路由器 R1	G0/0　192.168.1.254	255.255.255.0	
	G0/2　192.168.50.1	255.255.255.0	
2911 路由器 R2	G0/0　192.168.2.254	255.255.255.0	
	G0/1　192.168.50.2	255.255.255.0	
	G0/2　192.168.150.1	255.255.255.0	
2911 路由器 R3	G0/0　192.168.3.254	255.255.255.0	
	G0/1　192.168.150.2	255.255.255.0	
	G0/2　192.168.250.1	255.255.255.0	
2911 路由器 R4	G0/0　192.168.3.254	255.255.255.0	
	G0/1　192.168.250.2	255.255.255.0	

2. 网络拓扑图

网络拓扑图如图 7-1 所示。

7.4.1　静态路由配置

佛山分公司的路由器 R1 与广州分公司的路由器 R2 之间的互连可以通过静态路由。

1. 路由器 R1 的基本配置和静态路由配置

Router > enable

Router#configure terminal

Router(config)#interface GigabitEthernet0/0

Router(config-if)#ip address 192.168.1.254 255.255.255.0

Router(config-if)#no shutdown

Router(config-if)#exit

Router(config)#interface GigabitEthernet0/2

Router(config – if)#no shutdown

Router(config – if)#ip address 192. 168. 50. 1 255. 255. 255. 0

Router(config – if)#exit

Router(config)#ip route 0. 0. 0. 0　0. 0. 0. 0　192. 168. 50. 2

Router(config)#

2. 路由器 R2 的基本配置和静态路由配置

Router > enable

Router(config)#interface GigabitEthernet0/0

Router(config – if)#no shutdown

Router(config – if)#ip address 192. 168. 2. 254 255. 255. 255. 0

Router(config – if)#exit

Router(config)#interface GigabitEthernet0/1

Router(config – if)#no shutdown

Router(config – if)#ip address 192. 168. 50. 2 255. 255. 255. 0

Router(config – if)#exit

Router(config)#interface GigabitEthernet0/2

Router(config – if)#no shutdown

Router(config – if)#ip address 192. 168. 150. 1 255. 255. 255. 0

Router(config – if)#exit

Router(config)#ip route 192. 168. 1. 0 255. 255. 255. 0 192. 168. 50. 1

Router(config)#

7. 4. 2　RIP 配置

广州分公司内部的路由器 R2、R3 使用 RIPv2 路由协议，将公司内部网络连通。

1. 路由器 R2 的 RIP 配置

Router > enable

Router#configure terminal

Router(config)#router rip

Router(config – router)#version 2

Router(config – router)#no auto – summary

Router(config – router)#network192. 168. 2. 0

Router(config – router)#network 192. 168. 50. 0

Router(config – router)#network 192. 168. 150. 0

Router(config – router)#exit

Router(config)#

2. 路由器 R3 的基本配置和静态路由配置

Router > enable

Router(config)#interface GigabitEthernet0/0

Router(config − if)#no shutdown

Router(config − if)#ip address 192. 168. 3. 254 255. 255. 255. 0

Router(config − if)#exit

Router(config)#interface GigabitEthernet0/1

Router(config − if)#no shutdown

Router(config − if)#ip address 192. 168. 150. 2 255. 255. 255. 0

Router(config − if)#exit

Router(config)#interface GigabitEthernet0/2

Router(config − if)#no shutdown

Router(config − if)#ip address 192. 168. 250. 1 255. 255. 255. 0

Router(config − if)#exit

Router(config)#router rip

Router(config − router)#version 2

Router(config − router)#no auto − summary

Router(config − router)#network 192. 168. 3. 0

Router(config − router)#network 192. 168. 150. 0

Router(config − router)#exit

Router(config)#

7. 4. 3　OSPF 配置

广州分公司内部的路由器 R3 的 G0/2 接口处于深圳总部网络的区域 0 内，路由器 R3 是两个网络的边界路由器。R3、R4 需配置 OSPF 路由协议。

1. 路由器 R3 的 OSPF 路由配置

Router#configure terminal

Router(config)#router ospf 1

Router(config − router)#network 192. 168. 250. 0　0. 0. 0. 255　area 0

Router(config − router)#exit

Router(config)#

2. 路由器 R4 的基本配置和 OSPF 路由配置

Router > enable

Router(config)#interface GigabitEthernet0/0

Router(config − if)#no shutdown

Router(config − if)#ip address 192. 168. 4. 254 255. 255. 255. 0

Router(config − if)#exit

Router(config)#interface GigabitEthernet0/1

Router(config − if)#no shutdown

Router(config − if)#ip address 192. 168. 250. 2 255. 255. 255. 0

Router(config − if)#exit

Router(config)#router ospf 1

Router(config – router)#network 192. 168. 250. 0　0. 0. 0. 255 area 0

Router(config – router)#network 192. 168. 4. 0　0. 0. 0. 255 area 0

Router(config – router)#exit

Router(config)#

7. 4. 4　路由重发布

1. 边界路由器 R2 的重发布静态路由

Router#configure terminal

Router(config)#router rip

Router(config – router)#redistribute static

2. 边界路由器 R3 的进行路由重发布

Router#configure terminal

Router(config)#router ospf 1

Router(config – router)#redistribute rip

Router(config – router)#redistribute connected

Router(config – router)#exit

Router(config)#router rip

Router(config – router)#redistribute ospf 1

Router(config – router)#redistribute connected

Router(config – router)#exit

Router(config)#

3. 查看各路由器的路由表

（1）在 R1 上通过执行命令 Router#show ip route，查看到的路由表信息如下。

```
       192.168.1.0/24 is variably subnetted, 2 subnets, 2 masks
C        192.168.1.0/24 is directly connected, GigabitEthernet0/0
L        192.168.1.254/32 is directly connected, GigabitEthernet0/0
       192.168.50.0/24 is variably subnetted, 2 subnets, 2 masks
C        192.168.50.0/24 is directly connected, GigabitEthernet0/2
L        192.168.50.1/32 is directly connected, GigabitEthernet0/2
S*     0.0.0.0/0 [1/0] via 192.168.50.2
```

（2）在 R2 上通过执行命令 Router#show ip route，查看到的路由表信息如下。

```
S     192.168.1.0/24 [1/0] via 192.168.50.1
      192.168.2.0/24 is variably subnetted, 2 subnets, 2 masks
C       192.168.2.0/24 is directly connected, GigabitEthernet0/0
L       192.168.2.254/32 is directly connected, GigabitEthernet0/0
R     192.168.3.0/24 [120/1] via 192.168.150.2, 00:00:20, GigabitEthernet0/2
      192.168.50.0/24 is variably subnetted, 2 subnets, 2 masks
C       192.168.50.0/24 is directly connected, GigabitEthernet0/1
L       192.168.50.2/32 is directly connected, GigabitEthernet0/1
      192.168.150.0/24 is variably subnetted, 2 subnets, 2 masks
C       192.168.150.0/24 is directly connected, GigabitEthernet0/2
L       192.168.150.1/32 is directly connected, GigabitEthernet0/2
R     192.168.250.0/24 [120/1] via 192.168.150.2, 00:00:20, GigabitEthernet0/2
```

（3）在 R3 上通过执行命令 Router#show ip route，查看到的路由表信息如下。

```
R    192.168.1.0/24 [120/1] via 192.168.150.1, 00:00:10, GigabitEthernet0/1
R    192.168.2.0/24 [120/1] via 192.168.150.1, 00:00:10, GigabitEthernet0/1
     192.168.3.0/24 is variably subnetted, 2 subnets, 2 masks
C       192.168.3.0/24 is directly connected, GigabitEthernet0/0
L       192.168.3.254/32 is directly connected, GigabitEthernet0/0
O    192.168.4.0/24 [110/2] via 192.168.250.2, 01:13:21, GigabitEthernet0/2
R    192.168.50.0/24 [120/1] via 192.168.150.1, 00:00:10, GigabitEthernet0/1
     192.168.150.0/24 is variably subnetted, 2 subnets, 2 masks
C       192.168.150.0/24 is directly connected, GigabitEthernet0/1
L       192.168.150.2/32 is directly connected, GigabitEthernet0/1
     192.168.250.0/24 is variably subnetted, 2 subnets, 2 masks
C       192.168.250.0/24 is directly connected, GigabitEthernet0/2
```

（4）在 R4 上通过执行命令 Router#show ip route，查看到的路由表信息如下。

```
O E2 192.168.1.0/24 [110/20] via 192.168.250.1, 01:03:50, GigabitEthernet0/1
O E2 192.168.2.0/24 [110/20] via 192.168.250.1, 01:12:22, GigabitEthernet0/1
O E2 192.168.3.0/24 [110/20] via 192.168.250.1, 01:12:22, GigabitEthernet0/1
     192.168.4.0/24 is variably subnetted, 2 subnets, 2 masks
C       192.168.4.0/24 is directly connected, GigabitEthernet0/0
L       192.168.4.254/32 is directly connected, GigabitEthernet0/0
O E2 192.168.50.0/24 [110/20] via 192.168.250.1, 01:12:22, GigabitEthernet0/1
O E2 192.168.150.0/24 [110/20] via 192.168.250.1, 01:12:22, GigabitEthernet0/1
     192.168.250.0/24 is variably subnetted, 2 subnets, 2 masks
C       192.168.250.0/24 is directly connected, GigabitEthernet0/1
L       192.168.250.2/32 is directly connected, GigabitEthernet0/1
```

7.5　【项目实训】三层交换机与路由器间路由的配置

本实训要求掌握三层交换机的常规配置命令、三层交换机 RIP 动态路由配置及三层交换机 OSPF 动态路由配置。

本实训设备及环境要求如下：

（1）网线若干。

（2）1 台 3560 三层交换机，1 台 2621XM 路由器。

（3）2 台 PC。

（4）网络拓扑图如图 7-7 所示。

图 7-7　实训网络拓扑图

（5）设备及设备 IP 配置如表 7-9 所示。

表 7-9　设备及设备 IP 信息列表

设　　备	接口及 IP 地址	子网掩码	网　　关
PC1	192.168.10.10	255.255.255.0	192.168.10.1
PC2	192.168.30.30	255.255.255.0	192.168.30.1
2621XM 路由器 R1	f0/0　192.168.20.2	255.255.255.0	
	f0/1　192.168.30.1	255.255.255.0	
3560 三层交换机 SW1	vlan10　192.168.10.1	255.255.255.0	f0/10 接口属于 vlan10
	vlan20　192.168.20.1	255.255.255.0	f0/20 接口属于 vlan20

本实训要求如下：

(1)给 SW1 配置 VLAN 及 VLAN 接口 IP。

(2)给 SW1 和 R1 配置 RIPv2 路由协议，保证网络通信正常。

本实训过程如下：

(1)按照图 7－7 所示，构建好网络拓扑，配置好各 PC 的 IP 地址。

(2)给路由器 R1 各接口配置 IP，并启用接口，开启 RIPv2，network 通告直连网络。

Router > en

Router#conf t

Router(config)#int f0/0

Router(config－if)#ip address 192.168.20.2 255.255.255.0

Router(config－if)#no shutdown

Router(config－if)#exit

Router(config)#int f0/1

Router(config－if)#ip address 192.168.30.1 255.255.255.0

Router(config－if)#no shutdown

Router(config－if)#exit

Router(config)#router rip

Router(config－router)#version 2

Router(config－router)#no auto－summary

Router(config－router)#network 192.168.20.0

Router(config－router)#network 192.168.30.0

Router(config－router)#exit

Router(config)#

(3)给三层交换 SW1 配置 VLAN 及 VLAN 接口 IP，并激活接口。

Switch#configure terminal

Switch(conifg)#ip routing

Switch(conifg)#vlan 10

Switch(config－vlan)#name V10

Switch(config－vlan)#exit

Switch(conifg)#vlan 20

Switch(config－vlan)#name V20

Switch(config－vlan)#exit

Switch(conifg)#interface f0/10

Switch(conifg－if)#switchport mode access

Switch(conifg－if)#switchport access vlan 10

Switch(conifg－if)#exit

Switch(conifg)# interface f0/20

Switch(conifg－if)#switchport mode access

Switch(conifg – if)#switchport access vlan 20

Switch(config – vlan)#exit

Switch(config)#interface Vlan 10

Switch(conifg – if)#ip address 192. 168. 10. 1 255. 255. 255. 0

Switch(conifg – if)#no shutdown

Switch(conifg – if)#exit

Switch(config)#interface Vlan20

Switch(conifg – if)#ip address 192. 168. 20. 1 255. 255. 255. 0

Switch(conifg – if)#no shutdown

Switch(conifg – if)#exit

Switch(conifg)#

（4）给三层交换 SW1 配置 RIPv2 路由协议。

Switch#configure terminal

Switch(conifg)#router rip

Router(config – router)#version 2

Router(config – router)#no auto – summary

Switch(conifg – router)#network 192. 168. 10. 0

Switch(conifg – router)#network 192. 168. 20. 0

Switch(conifg – router)#exit

Switch(conifg)#exit

Switch#show ip route

项 目 小 结

　　静态路由是在路由器中设置的固定的路由表。除非网络管理员干预，否则静态路由不会发生变化。由于静态路由不能对网络的改变做出反映，所以一般用于规模不大、拓扑结构固定的网络中。静态路由简单、高效、可靠，在所有路由中，静态路由优先级最高。当动态路由与静态路由发生冲突时，以静态路由为准。

　　动态路由协议是指路由器间通过路由选择算法动态地交互所知道的路由信息，动态的生成、维护相应的路由表的协议。动态路由协议按照算法的不同有多种，能适应的网络规模也不同。在中小规模的网络中，最常使用的动态路由协议是基于距离矢量算法的 RIP 协议。RIP 协议使用跳数（Hop Count）来表示度量值（Metric），而不考虑链路的带宽、时延、流量等复杂因素。RIP 协议最大的问题是路由的范围有限，RIP 认为跳数最少的路径最优，最大支持跳数为 15，即源到目的网络可以经过的路由器的数目最多为 15 个。

　　与 RIP 不同，OSPF 将一个自治区域再划分为区，相应地有两种路由选择方式：当源和目的在同一区时，采用区内路由选择；当源和目的地在不同区时，采用区间路由选择。当一个区内的路由器出了故障时，并不影响自治区内其他区路由器的正常工作，作为一种链路状态的路由协议，OSPF 将链路状态广播数据包 LSA 传送给在某个区域内的所有路由器，这一点与距离矢量路由协议不同。运行距离矢量路由协议的路由器是将路由器的部分或全部的路由表传递给与其相邻的路由器。

习　题

一、选择题

1. 以下不会在路由表里出现的是(　　)。

A. 下一跳地址　　　B. 网络地址　　　C. 度量值　　　D. MAC 地址

2. 路由器中时刻维持着一张路由表,这张路由表可以是静态配置的,也可以是(　　)产生的。

A. 生成树协议　　B. 链路控制协议　　C. 动态路由协议　　D. 被承载网络层协议

3. 在默认情况下,如果一台路由器在所有接口同时运行了 RIP 和 OSPF 两种动态路由协议,下列说法中正确的是(　　)。

A. 针对到达同一网络的路径,在路由表中只会显示 RIP 发现的那一条,因为 RIP 协议的优先级更高

B. 针对到达同一网络的路径,在路由表中只会显示 OSPF 发现的那一条,因为 OSPF 协议的优先级更高

C. 针对到达同一网络的路径,在路由表中只会显示 RIP 发现的那一条,因为 RIP 协议的花费值(metric)更小

D. 针对到达同一网络的路径,在路由表中只会显示 OSPF 发现的那一条,因为 OSPF 协议的花费值(metric)更小

4. 路由算法使用了许多不同的权决定最佳路由,通常采用的权不包括(　　)。

A. 带宽　　　　　B. 可靠性　　　　C. 物理距离　　　D. 开销

5. 路由器作为网络互连设备,以下对路由器特点的描述不正确的是(　　)。

A. 支持路由协议　　　　　　　B. 至少具备一个备份口

C. 至少支持两个网络接口　　　　D. 具有存储、转发和寻径功能

6. 能配置接口 IP 地址的提示符是(　　)。

A. Router >　　B. Router#　　　C. Router(config)#　　D. Router(config – if)#

7. 在路由器中,能用以下(　　)命令查看路由器的路由表。

A. ARP　– A　　B. TRACEROUTE　C. ROUTE　PRINT　D. SHOW　IP　ROUTE

8. 查看路由器上的所有保存在 Flash 中的配置数据应在特权模式下输入命令(　　)。

A. show running – config　　　　B. show interface

C. show startup – config　　　　D. show ip config

9. 下列属于距离矢量路由协议容易引起的问题是(　　)。

A. 水平分割　　B. 路径中毒　　　C. 计数到无穷　　D. 抑制时间

10. 在 rip 中 metric 等于(　　)值为不可达。

A. 8　　　　　B. 10　　　　　C. 15　　　　　D. 16

11. 关于 OSPF 的说法正确的是(　　)。

A. OSPF 使用 UDP 数据报交换路由信息

B. OSPF 使用 TCP 数据报交换路由信息

C. OSPF 将协议报文直接封装在 IP 报文中

D. 以上说法都不对

12. OSPF 默认的成本度量值是基于下列(　　)。

A. 延时　　　　　　B. 带宽　　　　　　C. 效率　　　　　　D. 网络流量

二、填空题

1. _____是由管理员在路由器中手动配置的固定路由, 路由明确地指定了包到达目的地必须经过的路径。

2. 路由信息协议(RIP)是一种动态路由选择, 它基于_____, 总是按最短的路由做出相同的选择。

3. 当路由表中与包的目的地址之间没有匹配的表项时, 路由器也能做出选择, 若要符合要求, 用户需要给路由器配置_____。

4. _____是开放式最短路径协议的另一重要组成部分, 其作用是建立和维持邻居关系, 并选择指派路由器和备份指派路由器。

三、简答题

简述 RIP 的不足。

第3篇
互联网接入与网络安全

项目 8

ADSL接入互联网

8.1 应用场景

某初创小型企业共有员工文员 3 人和业务员 3 人，刚进驻一间不足 $100m^2$ 的办公室，该办公室未接入互联网。为使员工能使用互联网资源办公和拓展业务，同时保持较低的运营成本，企业将选用一种安装便捷、速度较快、费用低廉的互联网接入方式，以达到几台办公计算机、手机终端能同时使用互联网。

8.2 解决方案

企业可以向电信部门申请 8 Mbit/s 至 12 Mbit/s 速率的 ADSL 宽度，将会获得 ADSL 拨号上网账号和密码，在办公室内通过已有的电话线即可接入互联网。需要购置设备有：一只 ADSL Modem、一台小型无线路由器。在办公室的网络布线上，类似图 8 - 1 所示，经过正确的配置，办公电脑和手机终端都能同时使用互联网。

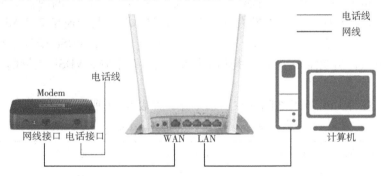

图 8 - 1　ADSL 接入的网络布线

8.3 相关知识

8.3.1 ADSL 概述

1. DSL 概述

DSL(Digital Subscriber Line，数字用户线路)技术是一种以铜制电话双绞线为传输介质的传输技术，它通常可以允许语音信号和数据信号同时在一条电话线上传输。

DSL 利用现有的电话线开展宽带接入服务，无须网络建设投入，节省投资。可立即开通宽度服务，节省了时间。此外，与拨号接入相比，DSL 在开通数据业务的同时，一般不会影响话音业务，用户可以在打电话的同时上网。因此 DSL 技术很快就得到重视，并在一些国家和地区得到大量应用。

DSL 技术包括 ADSL、VDSL、SDSL、HDSL 等，一般也把这些统称为 xDSL。不同 DSL 技术之间的主要区别体现在两个方面：一是信号传输速度和距离，二是上行速率和下行速率的对称性。目前，流行的 DSL 技术是 ADSL 和 VDSL。

2. DSL 的分类

DSL 技术按照上行和下行的传输速率是否一致，可分为速率对称型和速率非对称型两种类型。

（1）对称型 DSL

对称型 DSL 的上下行速率是一致的，它们能够提供高速对称的传输速率。一般来说，对称型 DSL 不支持数字信号和语音信号同时在一条电话双绞线上传输。对称型 DSL 适用于企业接入和点对点连接。

对称型 DSL 包括 SDSL、HDSL、SHDSL 等。

（2）非对称型 DSL

非对称 DSL 的上下行速率是不一样的，一般下行速率要比上行速率大得多。非对称 DSL 适用于家庭普通用户上网，因为在普通用户上网时下载的信息往往比上载的信息要多得多。

非对称型 DSL 包括 ADSL、VDSL 等。

ADSL（Asymmetric DSL，非对称用户数字线路）：利用一对双绞线，提供上下行不对称的速率，可以同时传输语音和数据。

VDSL（Very high speed DSL，高速数字用户线路）：是基于以太网内核的 DSL 技术，它利用一对双绞线，在短距离内提供最大下行速率 55 Mbit/s、上行速率 2.3 Mbit/s 的非对称式传输服务，也可以配置成上下行 13 Mbit/s 对称模式。但是，VDSL 受到线路质量和线路距离的影响十分大，当线路距离变长时其传输速率会显著下降，VDSL 支持的最大传输距离为 2 km。

由此可见，各种 DSL 技术之间存在一定差异，如表 8 - 1 所示。

表 8 - 1　各种 DSL 技术的比较

技术名称	传输方式	最大上行速率	最大下行速率	最大传输距离	传输媒介
HDSL	对称	2.32 Mbit/s	2.32 Mbit/s	5 km	1~3 对双绞线
SDSL	对称	2.32 Mbit/s	2.32 Mbit/s	3 km	1 对双绞线
SHDSL	对称	5.7 Mbit/s	5.7 Mbit/s	7 km	1~2 对双绞线
VDSL	非对称	2.3 Mbit/s	55 Mbit/s	2 km	1 对双绞线
ADSL	非对称	1 Mbit/s	8 Mbit/s	5 km	1 对双绞线

3. ADSL 与其他常用接入方式比较

ADSL 接入技术较其他接入技术具有独特的技术优势，因此能做到较高的性能价格比。

下面看看 ADSL 与其他接入服务的比较。

（1）ADSL 与普通拨号 Modem 的比较

普通拨号 Modem 的速率只有 56 kbit/s。在上网时需要通过电话交换设备，占用了传统的语言信道，导致在上网时不能进行语音通话。在使用普通拨号 Modem 上网时，由于上网流量需要经过电话交换设备，导致在上网时既要缴纳上网费用，又要缴纳电话费用。

与普通拨号 Modem 相比，ADSL 的速率优势是不言而喻的。ADSL 技术能够在同一对铜线上分别传送语音与数据信号，数据信号不经过电话交换设备，使得用户在上网时并不影响语音通话，并且上网时不用缴纳额外的电话费。

（2）ADSL 与以太网接入的比较

以太网是目前采用最普遍最成熟的网络技术，安装容易兼容性强，不需要添置特殊的设备。ADSL 接入技术需要在用户端安装 ADSL Modem，网络端也需要有相应的设备，实现起来较麻烦。在速率方面以太网速率可以达到 100 Mbit/s 甚至 1 000 Mbit/s，相比之下 ADSL 速率要慢很多。

但是对于以太网接入来说，需要重新布线，铺设以太网线路，而 ADSL 可以利用现有的电话线资源。在建设成本上来说，ADSL 要小于以太网。

以太网接入，每台交换机只能接入几十个用户，而且一般交换机都分散安装在小区或楼宇内，这使得需要维护的设备多并且维护困难，成本高。ADSL 接入上百甚至上千用户才需要一台设备进行接入，维护成本要低于以太网。

（3）ADSL 与光纤接入的比较

光纤接入是未来必然的接入方式，它具有容量大、速率快、安全性高等特点。但是，与以太网接入类似，它也存在安装维护成本高的问题。

4. ADSL 原理

ADSL 技术是一种接入技术，它采用频分复用的方式将数据传输的频带划分成语音、上行、下行 3 个部分，从而实现了语音和数据的同时传输和非对称上下行速率。在数据传输时，通过 ATM 协议进行传输。

（1）基本的 ADSL 网络结构

基本的 ADSL 的网络结构如图 8 - 2 所示，用户端 PC 的上网数据经过 ADSL Modem 调制成高频信号，在分离器上和普通电话语音的低频信号合成混合信号，传送到用户线路上；这个混合信号被传送至电话局端的分离器上，被重新分解为数据信号和音频信号；音频信号被传送到电话程控交换机完成普通的语音呼叫；数据信号被传送到 DSLAM（DSL 接入复用器）上，由 DSLAM 将用户数据传送到互联网。

DSLAM（DSL Access Multiplexer，DSL 接入复用器）：可以理解为多路 DSL Modem 的组合，它能够同时连接多路 DSL 线路，将其转换到上行线路上，完成多路 DSL 对上行线路的复用。目前主流的 DSLAM 设备可以同时接入几百到上千条 DSL 线路。除此之外，高端 DSLAM 设备还具有路由、协议转换、认证、计费等功能。

分离器：用于将高频数据信号和低频语音信号分离。在电话局端，通常将多个分离器组合在一起，称为分离器池。

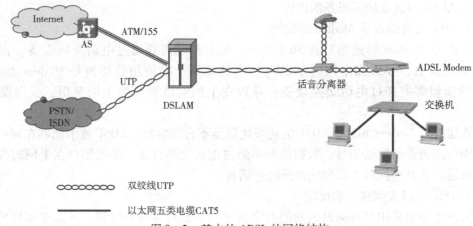

图 8-2   基本的 ADSL 的网络结构

（2）ADSL 的频段划分

ADSL 使用频分复用技术，实现在一条电话线中同时传输语音与数据信号。在线路中，4 kHz 以下的低频段用来传输普通的模拟语音信号，与传统的电话系统相同。26~138 kHz 的频段用来传送上行数据信号，138 kHz~1.1 MHz 的频段用来传送下行数据信号。ADSL 的频段划分如图 8-3 所示。

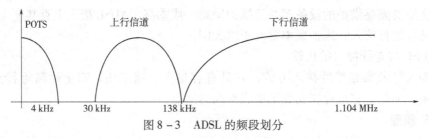

图 8-3   ADSL 的频段划分

由图 8-3 可看到，对于原先的电话信号而言，仍使用原先的频带，而基于 ADSL 的业务使用的是话音以外的频带。所以，原先的电话业务不受任何影响。

5. ADSL 数据传输

（1）ADSL 传输使用协议

在现有的 ADSL 网络内，用户端 ADSL Modem 和局端 DSLAM 之间采用了 ATM 协议来传输数据。为了实现其他协议报文使用 ATM 协议进行传输，ADSL 采用以下几种协议来实现使用 ATM 协议传输其他协议报文。

MPoA（Multiprotocol Encapsulation over ATM Adaptation Layer 5）：此协议是由 RFC1483 或 RFC2684（RFC2684 是 RFC1483 的升级版）定义的，因为它主要说明了如何在 ATM 网络上传输以太网帧，即将以太网帧通过 ATM 协议传输的方法。

PPPoA（PPP over ATM）：它定义了如何在 ATM 网络上传输 PPP 帧，一般用于虚拟拨号接入。PPPoE（PPP over Ethernet）：它定义了如何在以太网上传输 PPP 帧，即平时使用 ADSL 进行虚拟拨号时所用的协议。PPPoE 协议不光可以用在 ADSL 虚拟拨号接入上，还可以用在以太网拨号接入上。由于 ADSL Modem 和 DSLAM 之间使用 ATM 协议传输，所以它需要配合 MPoA 协议来实现虚拟拨号上网。

（2）影响 ADSL 传输速率的因素

虽然 ADSL 技术的最大传输速率为上行 1 Mbit/s，下行 8 Mbit/s，但是 ADSL 的传输速率受到线路质量、噪声干扰、线路长度等因素的影响，通常很难达到最高的速率。

① 线路质量。ADSL 技术对线路质量要求很高，理想的 ADSL 线路应该没有感应线圈，线路规格无变化，无桥接抽头，绝缘良好。

② 噪声干扰。噪声产生的原因很多，可以是家用电器的开关、电话摘机和挂机以及其他电动设备的运动等，这些突发的电磁波将会耦合到 ADSL 线路中，引起突发错误。

从电话公司到 ADSL 分离器这段连接中，加入任何设备都将影响数据的正常传输，故在 ADSL 分离器之前不要并接电话、电话防盗器等设备。

③ 线路长度。在传输系统中，发射端发出的信号会随着传输距离的增加而产生损耗，传输距离越远信号损耗越大。ADSL 的最大下行速率在 8 Mbit/s，会随着距离的增加 ADSL 能够达到的下行速率也越来越小，当传输距离达到 5 km 左右时，基本上已经无法正常进行数据传输。

在连接 ADSL 线路时，尽量选择绝缘好、抗干扰能力强的电缆。在部署 ADSL 线路时尽量减少接头数量，尽量减少衰减和电缆距离。

6. ADSL 的优点

高速传输：提供上、下行不对称的传输带宽，下行速率最高达到 8 Mbit/s，上行速率最高达到 1 Mbit/s，最大传输距离为 5 km。

上网、打电话互不干扰：ADSL 数据信号和电话音频信号以频分复用原理调制于各自频段互不干扰。上网的同时可以拨打或接听电话，解决了拨号上网时不能使用电话的问题。

独享带宽、安全可靠：ADSL 采用星形网络拓扑结构，用户可独享高带宽。

安装快捷方便：利用现有的用户电话线，无须另铺电缆，节省投资。用户只须安装一台 ADSL Modem，无须为宽带上网而重新布设或变动线路。

价格实惠：ADSL 上网的数据信号不通过电话交换机设备，这意味着使用 ADSL 上网只需要为数据通信付账，并不需要缴付另外的电话费。

8.3.2　ADSL 设备

1. ADSL 调制解调器

ADSL 调制解调器（ADSL Modem）。有两种类型，一种是外置 Modem，一种是内置 Modem，基本上所有用户都使用外置 Modem。生产 ADSL Modem 的厂家众多，但产品大同小异。以下以常见的华为 MT880（见图 8 - 4 ～图 8 - 6）为例进行介绍。

图 8 - 4　华为 MT880 整机

图 8 - 5　华为 MT880 背面板

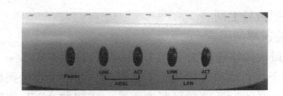

图 8 – 6　华为 MT880 前面板

（1）Modem 的指示灯

华为 MT880 前面板共有 5 个指示灯，从左往右分别是电源灯 Power、ADSL 同步灯 LINK（ADSL）、ADSL 数据灯 ACT（ADSL）、网卡状态灯 LINK（LAN）、网卡数据灯 ACT（LAN）。

电源灯：代表是否正常供电，熄灭表示没有电压。

ASDL 同步灯：当宽带猫和电信局设备建立连接时会闪烁，建立完毕后该灯稳定长亮（闪烁说明信号或线路有问题）。

ADSL 数据灯：连接到互联网后有上传和下载的数据时，该灯会不停闪烁，熄灭则表示无数据流。

网卡状态灯：当宽带猫和计算机中的网卡连接正常时，该灯常亮，否则熄灭。当连接为 100 Mbit/s 时，该灯为橘黄色，当连接为 10 Mbit/s 时，该灯为绿色。

网卡数据灯：当计算机有数据需要和宽带猫之间进行传送时，该灯闪烁，熄灭则表示无数据流。

（2）Modem 的背面板接口

宽带猫的背面板一般有电源接口、电源开关（Power）、复位孔（Reset），网线接口（Ethernet），电话线接口（ADSL）。

电源接口：接宽带猫的电源插头，不可和不配套的电源插头混用，容易把猫烧坏。

电源开关：关闭和打开宽带猫的电源，不上网时要养成随手关闭电源的好习惯。

复位孔：当宽带猫不稳定或内部数据被篡改时可使宽带猫的数据恢复出厂值。按着复位钮 3 s 左右。

网线接口：通过网线和计算机中的网卡接口联接。

电话线接口：插入从分离器的 MODEM 口接出来的电话线，接收来自电信宽带信号的接口。

2. 家用路由器

同样，生产家用路由器的厂家也很多。以下以常见的 TP – Link WR742（见图 8 – 7 和图 8 – 8）为例进行介绍。

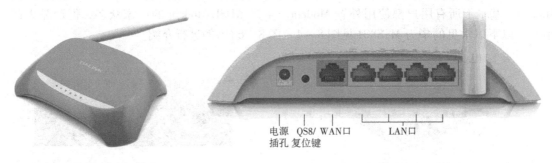

电源　QS8/　WAN口　　　　LAN口
插孔　复位键

图 8 – 7　TP – Link WR742 正面　　　　　图 8 – 8　TP – Link WR742 背面

（1）家用路由器的指示灯

路由器指示灯通常可分为 4 类，分别是电源指示灯、SYS 系统指示灯、LAN 指示灯、WAN 指示灯，其含义如下。

电源指示灯：是电源联通电源的指示灯，正常工作必须常亮，不亮说明电源没插好或者路由器损坏。

SYS 系统指示灯：是路由器的工作状态指示灯，闪烁代表正常，如果 SYS 系统指示灯不亮或者会亮，但不会闪烁，那么基本是路由器出现问题了。

LAN 指示灯：是与计算机连接的接口，如果通过网线将此接口和计算机的网卡接口连接，开启计算机后，LAN 指示灯是会亮的，如果不亮说明接口或者网线出现问题。接口问题可能是路由器接口或者计算机网卡接口问题。

WAN 指示灯：是外部宽带线信号指示灯。常亮表示端口与前端猫连接正常。当有数据传输，如有设备在上网时，正常情况就会数据传输，传输过程中，WLAN 端口就会不断的闪烁。

如果 WAN 指示灯不亮，则说明猫或者外部网线有问题，如果 WAN 指示灯亮但不闪烁，并且手机、计算机无法上网，那么主要是网络线路存在问题。

（2）家用路由器的背面板接口

家用路由器的背面板一般有电源插孔、复位孔（Reset）、WAN 口及多个 LAN 口。

电源插孔：家用路由器的电源插头须使用配套的电源插头。

复位孔：当家用路由器不稳定时可使宽带猫的数据恢复出厂值。按着复位钮 3 s 左右。

WAN 口：主要用于连接外部网络，如 ADSL、DDN、以太网等各种接入线路。

LAN 口：用来连接家庭内部网络，主要与家庭网络中的交换机、集线器或 PC 相连。

8.4　项目实施

1. 材料及工具准备

搭建某网络环境，需要以下设备及相关材料：

（1）1 台以上计算机（Windows 7，安装好以太网卡及驱动）。

（2）1 只 ADSL Modem。

（3）1 部电话机。

（4）1 个信号分离器。

（5）2 条电话线。

（6）4 条网线。

（7）1 套从电信部门申请的 ADSL 账号和密码。

（8）1 台家用小型路由器。

2. 实施过程

（1）做好硬件连接。

① 用电话线连接墙上的电话插座和分离器的 LINE 端口。

② 用电话线连接分离器的 Modem 端口和 ADSL Modem 的 ADSL 端口。

③ 用电话线连接分离器的 Phone 端口和电话机。

④ 用网线连接 ADSL Modem 的 LAN 接口和计算机的网卡接口。

（2）单机上建立拨号上网。

① 右击桌面上"网络"图标，选择"属性"命令，如图 8－9 所示。

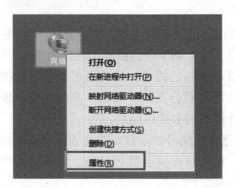

图 8－9　选择"属性"命令

② 进入"网络和共享中心"窗口，单击"设置新的连接或网络"超链接，如图 8－10 所示。

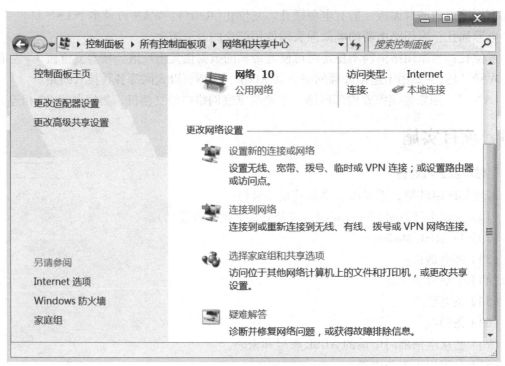

图 8－10　"网络和共享中心"窗口

③ 弹出"选择一个连接选项"对话框，选择"连接到 Internet"，然后单击"下一步"按钮，如图 8－11 所示。

图 8 - 11 选择一个连接选项

④ 如果当前有宽带连接就会提示下面的已经连接到 Internet 的提示信息，如图 8 - 12 所示。

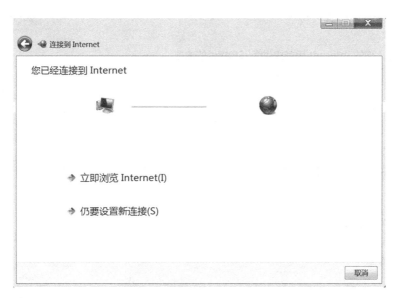

图 8 - 12 已经连接到 Internet 的提示信息

⑤ 如果没有宽带拨号连接，可以选择"宽带（PPPOE）"设置添加拨号连接，如图 8 - 13 所示。

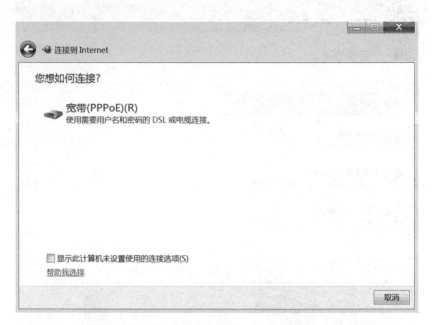

图 8-13 选择"宽带（PPPoE）"方式连接到 Internet

⑥ 列出宽带连接拨号向导，输入宽带拨号的账号名和密码，选择"允许其他人使用此连接"复选框，让其他用户也能使用这个宽带拨号连接，如图 8-14 所示。

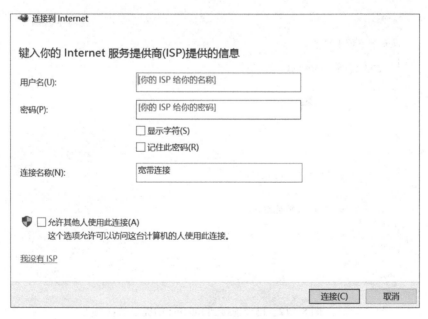

图 8-14 设置宽带账户和密码

⑦ 设置宽带拨号账号之后，系统会自动连接宽带拨号服务商进行身份验证，如图 8-15 所示。

图 8 – 15　系统自动连接宽带拨号服务商进行身份验证

（3）单机上使用建好的宽带连接。

① 在"网络和共享中心"窗口中单击"更改适配器设置"超链接，如图 8 – 16 所示。

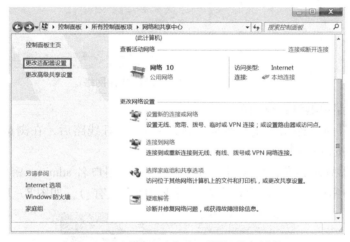

图 8 – 16　单击"更改适配器设置"超链接

② 打开之后能看到当前主机的网卡连接，其中有一个宽带连接，如图 8 – 17 所示。

图 8 – 17　"宽带连接"图标

③ 右击"宽带连接"图标，选择"连接"命令即可进行连接，如果之前没有设置密码，需要重新输入，如图 8-18 所示。

图 8-18　通过"宽带连接"连接网络

(4)家用无线路由器设置自动拨号。

① 通过浏览器进入路由器配置界面。按图 8-1 接好线路后，在浏览器地址栏中输入"192.168.1.1"，按【Enter】键。

② 弹出路由器登录界面，输入用户名密码(提示：用户名 admin，密码 admin，部分品牌路由器用户名、密码不一样，但在机壳下面或说明书里有。)，如图 8-19 所示。

图 8-19　路由器的用户验证界面

③ 通过验证后，进入路由器配置主界面。单击左侧的"设置向导"，再单击"下一步"按钮，如图 8-20 所示。

图 8 - 20 路由器配置主界面

④ 弹出"上网方式"设置界面，选择"PPPOE（ADSL 虚拟拨号）"，单击"下一步"按钮，如图8 - 21所示。

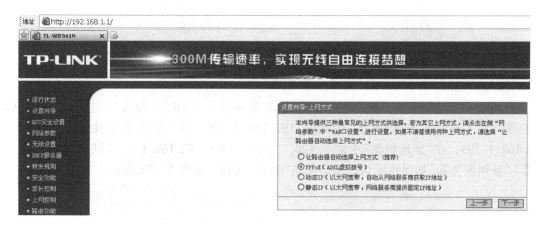

图 8 - 21 "上网方式"设置界面

⑤ 输入上网账号和上网口令，单击"下一步"按钮，如图 8 - 22 所示。

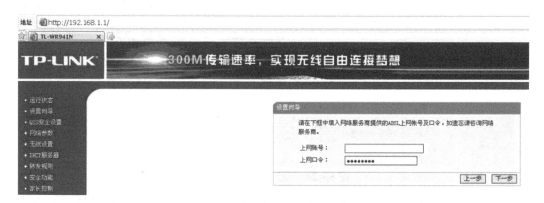

图 8 - 22 设置自动拨号的账户和密码

⑥ 无线设置。设置无线状态开启，在 SSID 中输入 Wi - Fi 名称。信道选"自动"，模式

选"11bgn mixed"频段选"自动"，最大发射速率选最大值。无线安全选项选"WPA‒PSK/WPA2‒PSK"，输入 PSK 密码，然后单击"保存"按钮，然后重启路由器，如图 8‒23 所示。

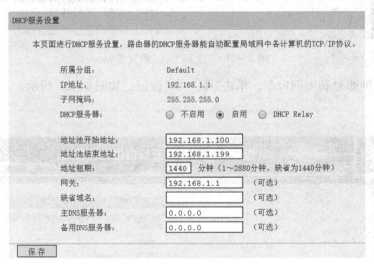

图 8‒23　路由器的无线设置

⑦ 设置 DHCP 服务器。单击左侧的"DHCP 服务器"→"DHCP 服务"，选择启用 DHCP 服务器，在"地址池开始地址"中输入 192.168.1.100，在"地址池结束地址"中输入 192.168.1.199，在"地址租期"中输入 120，"网关"输入 192.168.1.1，"缺省域名""主服务器""备用服务器"均保持默认，然后单击"保存"按钮，如图 8‒24 所示。

图 8‒24　设置 DHCP 服务器

⑧ 安全设置。单击左侧的"安全设置"，启用所有设置，然后单击"保存"按钮，如图 8‒25所示。

⑨ 所有的设置完记得保存，重启路由器。至此，家用路由器设置完毕。

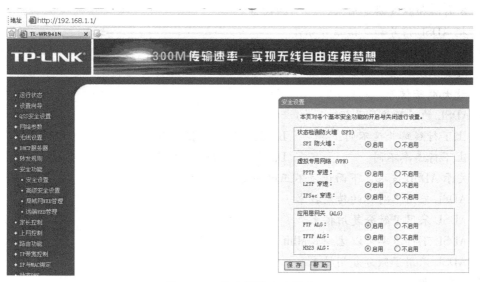

图 8-25　路由器的安全设置

8.5　【项目实训】开启 DMZ 主机

本实训环节要求配置内部某台机器提供 HTTP 服务，在家用路由器中将该机器的 IP 设置为 DMZ 主机，用户可以通过互联网访问这台内部机器的 HTTP 服务。

项 目 小 结

ADSL 接入互联网，费用低廉，安装便捷，速度较快(在通信线路较好的环境下可以向电信部门申请到 8 Mbit/s 以上，甚至 12 Mbit/s 的宽带)，非常适合小型用户。通过选购功能较好的家用无线路由器，在无线路由器中配置好自动拨号联网，服务范围内的计算机、移动终端均可接入网络，甚至可以配置一台向互联网提供服务的 DMZ 主机，方便至极。若进一步挖掘家用路由器的功能，还可以做到服务范围内各结点带宽均衡等。众多的小型用户群体都倾向选择 ADSL 接入互联网，也彰显出其超高的性价比。

习 题

一、选择题

1. ADSL 采用多路复用技术是 FDM，最大传输距离可达(　　　)m。

A. 500　　　　　　B. 1 000　　　　　C. 5 000　　　　　　　D. 10 000

2. ADSL 频率划分采用 FDM 技术，下面(　　　)信道是下行信道。

A.　0～4 kHz　　B. 30～138 kHz　　C. 138～1 104 kHz　　D. 30～1 104 kHz

3. ADSL 传输数字信号的频带是(　　　)。

A. 300 Hz～3 400 Hz　　　　　　　　B. 0～1.1MHz

C. 26 kHz～1.1 MHz　　　　　　　　D. 1～100 MHz

4. 分离器和滤波器是用来(　　　)的设备。

A. 把 ADSL 信号和电话信号分开

B. 放大 ADSL 信号

C. 放大 ADSL 信号和电话信号

D. 放大电话信号

5. ADSL 的不对称性是指(　　　)。

A. 上下行线路长度不同　　　　　B. 上下行线路粗细不同

C. 上下行速率不同　　　　　　　D. 上下行信号电压不同

6. 关于 ADSL 技术，下面说法不正确的是(　　　)。

A. ADSL 采用不对称的传输技术。

B. ADSL 采用了时分复用技术

C. ADSL 下行速率可以达到 8 Mbit/s

D. ADSL 采用了频分复用技术

二、填空题

1. ADSL 和 Modem 接入技术都是基于_____介质的。ADSL 接入能进行数话同传的原因是_____。

2. ADSL 接入结构中位于用户端的 ADSL 设备是_____和_____。

3. ADSL 通常采用的 3 种基本调制技术是_____、_____、_____。

三、简答题

从速率、上下行速率的对称性等方面简述 HDSL、ADSL 和 VDSL 的特点。

项目 ⑨

网络基本安全保障

9.1 应用场景

某中型企业，企业的总经办、财务部、销售部、信息部分属于不同的 4 个网段，服务器置于第五个网段(服务器区)。各网段之间用路由器进行信息传递。公司内部归档文件用 FTP 服务器进行管理，公司内部办公平台是一台 Web 服务器。为了安全起见，公司领导定义了一些网络访问规则。

除总经办外，其他部门不能对财务部进行访问，财务部能访问服务器区。

销售部某台特定的上报销售数据的机器能访问 FTP 服务器的 FTP 端口，信息部能访问 FTP 服务器的 FTP 端口，其他机器不能访问 FTP 服务器的 FTP 端口。

Web 服务器的 WWW 端口对全部员工开放，只允许来自信息部 ping 包，3389 远程桌面端口仅对信息部某台特定机器开放。

9.2 解决方案

路由器的访问控制列表可以控制路由器端口进出的数据包，可达到很细致的访问控制要求。企业网络拓扑如图 9 - 1 所示。

(1)通过标准访问控制列表控制 R2 的 G0/0 出口方向的流量达到对财务部的访问控制，只允许源地址是总经办或服务器区的流量通过。

(2)通过扩展访问控制列表控制 R5 的 G0/0 出口方向的流量达到对 FTP 服务器、Web 服务器的访问控制。

9.3 相关知识

9.3.1 ACL 的概念

访问控制列表(Access Control List，简称为 ACL)，使用包过滤技术，用来控制端口进出的数据包，在路由器上读取第三层及第四层包头中的信息如源地址、目的地址、源端口、目的端口等，根据预先定义好的规则对包进行过滤，从而达到访问控制的目的。

ACL 也可以说一系列运用到路由器接口的指令列表。这些指令告诉路由器接收哪些数据包而拒绝哪些数据包，接收或者拒绝根据一定的规则进行。ACL 在路由器的端口过滤网络数据流量，决定是否转发或阻塞数据包。

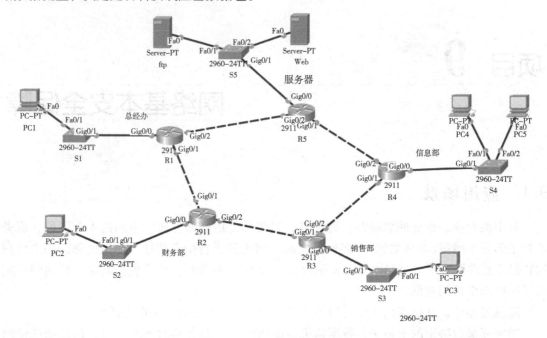

图 9 - 1   企业网络拓扑图

ACL 技术初期仅在路由器上支持，近些年来已经扩展到三层交换机，部分最新的二层交换机也开始提供 ACL 的支持。ACL 适用于所有的路由协议，如 IP、IPX、AppleTalk等，ACL 的定义是基于每一种协议的，如果路由器接口配置成支持 3 种协议（IP、Apple-Talk 以及 IPX）的情况，那么用户必须定义 3 种 ACL 来分别控制这 3 种协议的数据包。

9.3.2   ACL 的作用

ACL 可以限制网络流量、提高网络性能。例如，ACL 可以根据数据包的协议，指定数据包的优先级。

ACL 提供对通信流量的控制手段。例如，ACL 可以限定或简化路由更新信息的长度，从而限制通过路由器某一网段的通信流量。

ACL 是提供网络安全访问的基本手段。ACL 允许主机 A 访问某个网络，而拒绝主机 B访问。

ACL 可以在路由器端口处决定哪种类型的通信流量被转发或被阻塞。例如，某部门要求只能使用 WWW 这个功能，就可以通过 ACL 实现；又例如，为了某部门的保密性，不允许其访问外网，也不允许外网访问它，就可以通过 ACL 实现。

ACL 应用在路由接口上（进方向、出方向），一个接口、一个方向、一个协议只能应用一种 ACL，并且 ACL 不能过滤自己产生的数据。

在应用过程中也要注意，并不是 ACL 越多就越好，因为 ACL 会消耗路由器的资源，影响路由器的性能。

9.3.3 ACL 执行过程

在路由器的每个端口，可以创建两个 ACL：一个用于过滤进入端口的数据流，另一个用于过滤流出端口的数据流。一个 ACL 列表由一系列的规则组成，每条规则都用来匹配一种特定类型的流量，规则的序号决定了这条规则在访问控制列表中的位置。访问控制列表对报文按照规则序号从小到大的顺序进行检查，访问控制列表中第一条与报文相匹配的规则决定了该报文的处理结果：允许或拒绝。当检测到某个规则条件满足时，就去执行该规则规定的动作，并且不会再检测到后面的规则条件。如果没有与报文相匹配的规则，那么该报文也被拒绝，也就是说，没有被允许的都会被拒绝掉。由此可见，规则的顺序很重要。

一个端口执行哪条 ACL 规则，这需要按照列表中的条件语句执行顺序来判断。如果一个数据包的报头与表中某个条件判断语句相匹配，那么后面的语句就将被忽略，不再进行检查。数据包只有在与第一个判断条件不匹配时，它才被交给 ACL 中的下一个条件判断语句进行比较。如果匹配（假设为允许发送），则不管是第一条还是最后一条语句，数据都会立即发送到目的接口。如果所有的 ACL 判断语句都检测完毕，仍没有匹配的语句出口，则该数据包将视为被拒绝而被丢弃。这里要注意，ACL 不能对本路由器产生的数据包进行控制。ACL 中应至少包含一条允许语句。

9.3.4 ACL 工作流程

无论是否使用 ACL，通信处理过程的开始都是一样的，如图 9-2 所示。

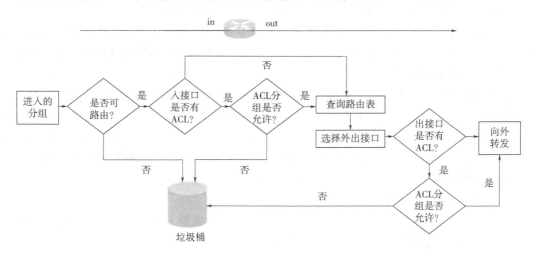

图 9-2 路由器上的 ACL 工作流程

当路由器的某个接口收到一个分组时，路由器会首先检查该分组是否可路由，如果不可路由，路由器则丢弃该分组。接下来，路由器判断入接口上是否有 ACL，如果没有则直接查询路由表；如果有 ACL，则判断该 ACL 的指令组是否允许该分组通过，如果不允许通过，则丢弃。如果 ACL 的匹配规则允许该分组通过，再查询路由表。在路由器的入口方向，ACL 的检查是在查询路由表前被执行的。

　　路由器查询路由表，选择该分组的外出接口。检测外出接口是否有 ACL，如果没有 ACL，则转发分组；如果外出接口也有 ACL，则判断 ACL 指令组是否允许该分组通过，如果允许则向外转发；如果拒绝，则丢弃该分组。

9.3.5　ACL 分类

1. 标准访问控制列表

　　访问控制列表 ACL 分很多种，不同场合应用不同种类的 ACL。其中最简单的是标准访问控制列表，它是通过使用 IP 包中的源 IP 地址进行过滤，使用访问控制列表号 1~99 来创建相应的 ACL。标准 ACL 只检查源地址，可以阻止来自某一网络的所有通信流量，或者允许来自某一特定网络的所有通信流量，或者拒绝某一协议簇（比如 IP）的所有通信流量。标准 ACL 要尽量靠近目的端。

　　标准访问控制列表的格式：

　　access – list ACL 号 permit | deny host IP 地址

　　例如，access – list 10 deny host 192. 168. 1. 1 这句命令是将所有来自 192. 168. 1. 1 地址的数据包丢弃。

　　当然也可以用网段来表示，对某个网段进行过滤。命令如下：

　　access – list 10 deny 192. 168. 1. 0 0. 0. 0. 255

　　通过上面的配置将来自 192. 168. 1. 0/24 的所有计算机数据包进行过滤丢弃。为什么后面的子网掩码表示的是 0. 0. 0. 255 呢？这是因为 Cisco 规定在 ACL 中用反向掩码表示子网掩码，反向掩码为 0. 0. 0. 255 的代表他的子网掩码为 255. 255. 255. 0。

　　还要注意，对于标准访问控制列表来说，默认的命令是 HOST，也就是说 access – list 10 deny 192. 168. 1. 1 表示的是拒绝 192. 168. 1. 1 这台主机数据包通信，可以省去输入 host。

2. 扩展访问控制列表

　　标准访问控制列表只能根据源地址来检查数据包，它允许/拒绝的是整个 TCP/IP 协议集的数据，功能有限。扩展的访问控制列表可根据源和目的地址、协议、源和目的端口等来检查数据包，用户也可以使用逻辑运算，例如等于（eq）、不等于（neq）、大于（gt）和小于（lt），这样可以提供比标准 ACL 更细致、更高程度的数据流选择控制。扩展访问控制列表使用的 ACL 号为 100~199，扩展 ACL 要尽量靠近源端。

　　扩展的访问控制列表格式如下：

　　access – list ACL 号［permit | deny］［协议］［定义过滤源主机范围］［定义过滤源端口］［定义过滤目标主机访问］［定义过滤目的端口］

　　例如，access – list 101 deny tcp any host 192. 168. 1. 1 eq www 这句命令是将所有主机访问 192. 168. 1. 1 这个地址网页服务（WWW）TCP 连接的数据包丢弃。

　　标准 Access – list 1 等于标准命名式 ip access – list standard 1；扩展 Access – list 100 等于扩展命名式 ip access – list extended 100。

9.3.6　通配符掩码

　　路由器使用通配符掩码与源或目标地址一起来分辨匹配的地址范围。通配符掩码与子网掩码不同，也不同于反掩码。

在子网掩码中，设成 1 的位表示 IP 地址对应的位属于网络地址部分，设成 0 的位表示 IP 地址对应的位属于主机地址部分。反掩码则是子网掩码简单地取反。子网掩码和反掩码都不允许出现不连续的 1 和 0 。但在访问控制列表中，将通配符掩码中的一位设成 1 是表示 I P 地址中对应的位既可以是 1 又可以是 0，该位称为"无关"位，因为路由器在判断是否匹配时并不关心它们。通配符掩码中的设成 0 的位则表示 IP 地址中相对应的位必须精确匹配。

在 IP 访问控制列表地址掩码对中，有两个关键词 Any 和 Host 可以用来省略一些输出。

Any：可以用来代替地址掩码对"0.0.0.0 255.255.255.255"，该地址掩码对匹配任何 IP 地址。

Host：可以用来代替通配符掩码"0.0.0.0"，该通配符掩码只能匹配一个 IP 地址。比如"host 192.168.1.1"等同于地址对"192.168.1.1 0.0.0.0"。在标准的访问控制列表中，如果仅匹配一个 IP 地址，可以省略关键字 host，也就是说在标准访问控制列表条目中，没有通配符掩码，说明掩码是"0.0.0.0"；而在扩展的访问控制列表中不能省略 host 关键字。

通配符掩码举例：

（1）210.31.10.0 0.0.0.255：表示 IP 地址的前 3 个字节必须是 210.31.10，而最后一个字节无所谓，什么值都可以，即 1～255 均可。因此，这个例子表示 210.31.10.0 整个网段。

（2）172.30.16.29 0.0.0.0：表示 IP 地址的所有位都要匹配，即必须是指定的单个 IP 地址，可以简写为 host 172.30.16.29。

（3）192.168.1.4 0.0.0.8 ：表示 IP 地址的所有位（除第 29 位外）都要匹配，第 29 位可以是 1 或 0，所以这个表达是包含两个 IP 的地址范围，192.168.1.4 和 192.168.1.12。

（4）192.168.1.1 0.0.0.254：表示 192.168.1.0/24 网段中的奇数地址，192.168.1.1、192.168.1.3、192.168.1.5……。

（5）192.168.1.2 0.0.0.254：表示 192.168.1.0/24 网段中的偶数地址，192.168.1.2、192.168.1.4、192.168.1.6……。

9.3.7　ACL 使用原则

由于 ACL 涉及的配置命令很灵活，功能也很强大，在设计过程中需要注意一些基本原则，例如，每种协议一个 ACL，要控制接口上的流量，必须为接口上启用的每种协议定义相应的 ACL；每个方向一个 ACL，一个 ACL 只能控制接口上一个方向的流量。要控制入站流量和出站流量，必须分别定义两个 ACL；每个接口一个 ACL，一个 ACL 只能控制一个接口上的流量；最有限制性的语句应该放在 ACL 语句的首行，把"全部允许"或者"全部拒绝"这样的语句放在末行；ACL 只能过滤穿过路由器的数据流量，不能过滤由本路由器上发出的数据包。还要注意如下原则的应用：

（1）最小特权原则

只给受控对象完成任务所必须的最小的权限。也就是说被控制的总规则是各个规则的交集，只满足部分条件的是不容许通过规则的。

（2）最靠近受控对象原则

所有的网络层访问权限控制。也就是说在检查规则时是采用自上而下在 ACL 中一条条检测的，只要发现符合条件就立刻转发，而不继续检测下面的 ACL 语句。

（3）默认丢弃原则

在 Cisco 路由交换设备中默认最后一句为 ACL 中加入了 DENY ANY ANY，也就是丢弃所有不符合条件的数据包。这一点要特别注意，虽然可以修改这个默认，但未修改前一定要引起重视。

9.3.8　基于名称的 ACL

无论是标准访问控制列表还是扩展访问控制列表都有一个弊端，就是在设置好 ACL 的规则后发现其中的某条有问题时，若希望进行修改或删除的话只能将全部 ACL 信息删除。也就是说修改一条或删除一条都会影响到整个 ACL 列表。这一个缺点影响了网管的工作，为网管带来了繁重的负担。不过，可以用基于名称的访问控制列表来解决这个问题。

基于名称的访问控制列表的格式：

ip access – list［standard｜extended］［ACL 名称］

例如，ip access – list standard softer 就建立了一个名为 softer 的标准访问控制列表。

基于名称的访问控制列表的使用方法：

当建立了一个基于名称的访问列表后就可以进入到这个 ACL 中进行配置。

例如，添加 3 条 ACL 规则：

permit　1.1.1.1　0.0.0.0

Permit　2.2.2.2　0.0.0.0

permit　3.3.3.3　0.0.0.0

这个过程中，如果发现第二条命令应该是 2.2.2.1 而不是 2.2.2.2，如果使用的不是基于名称的访问控制列表，使用 no permit 2.2.2.2 0.0.0.0 后整个 ACL 信息都会被删除掉。正是因为使用了基于名称的访问控制列表，在使用 no permit 2.2.2.2 0.0.0.0 后第一条和第三条指令依然存在。

9.3.9　基于时间的访问控制列表

前面介绍了标准 ACL 与扩展 ACL，实际上只要掌握了这两种访问控制列表就可以应付大部分过滤网络数据包的要求。不过实际工作中总会有这样或那样的苛刻要求，这时就需要运用到一些关于 ACL 的高级技巧，基于时间的访问控制列表就属于高级技巧之一。

1. 基于时间的访问控制列表用途

可能公司会遇到这样的情况，要求上班时间不能上 QQ，下班可以上网或者平时不能访问某网站。对于这种情况仅仅通过发布通知规定是不能彻底杜绝员工非法使用的，这时基于时间的访问控制列表应运而生。

2. 基于时间的访问控制列表的格式

基于时间的访问控制列表由两部分组成，第一部分是定义时间段，第二部分是用扩展访问控制列表定义规则。这里主要讲解定义时间段，具体格式如下：

time – range 时间段名称

absolute start［小时:分钟］［日 月 年］［end］［小时:分钟］［日 月 年］

例如：

time – range softer

absolute start 0：00 1 may 2015 end 12：00 1 june 2015

意思是定义了一个时间段，名称为 softer，并且设置了这个时间段的起始时间为 2015 年 5 月 1 日零点，结束时间为 2015 年 6 月 1 日中午 12 点。通过这个时间段和扩展 ACL 的规则结合就可以指定出针对自己公司时间段开放的基于时间的访问控制列表。当然，也可以定义工作日和周末，具体要使用 periodic 命令。

9.4 项目实施

1. 设备及设备 IP 信息列表

设备及设备 IP 信息如表 9 – 1 所示。

表 9 – 1 设备及设备 IP 信息列表

设　　备	接口及 IP 地址	子网掩码	网　　关
PC1	192. 168. 1. 1	255. 255. 255. 0	192. 168. 1. 254
PC2	192. 168. 2. 1	255. 255. 255. 0	192. 168. 2. 254
PC3	192. 168. 3. 1	255. 255. 255. 0	192. 168. 3. 254
PC4	192. 168. 4. 1	255. 255. 255. 0	192. 168. 4. 254
PC5	192. 168. 4. 2	255. 255. 255. 0	192. 168. 4. 254
Server – PT 服务器设备 ftp	192. 168. 5. 1	255. 255. 255. 0	192. 168. 5. 254
Server – PT 服务器设备 web	192. 168. 5. 2	255. 255. 255. 0	192. 168. 5. 254
2911 路由器 R1	G0/0 192. 168. 1. 254 G0/1 172. 16. 1. 1 G0/2 172. 20. 1. 2	255. 255. 255. 0 255. 255. 0. 0 255. 255. 0. 0	G0/0 接 S1 的 G0/1 G0/1 接 R2 的 G0/1 G0/2 接 R5 的 G0/2
2911 路由器 R2	G0/0 192. 168. 2. 254 G0/1 172. 16. 1. 2 G0/2 172. 17. 1. 1	255. 255. 255. 0 255. 255. 0. 0 255. 255. 0. 0	G0/0 接 S2 的 G0/1 G0/1 接 R1 的 G0/1 G0/2 接 R3 的 G0/1
2911 路由器 R3	G0/0 192. 168. 3. 254 G0/1 172. 17. 1. 2 G0/2 172. 18. 1. 1	255. 255. 255. 0 255. 255. 0. 0 255. 255. 0. 0	G0/0 接 S3 的 G0/1 G0/1 接 R2 的 G0/2 G0/2 接 R4 的 G0/1
2911 路由器 R4	G0/0 192. 168. 4. 254 G0/1 172. 18. 1. 2 G0/2 172. 19. 1. 1	255. 255. 255. 0 255. 255. 0. 0 255. 255. 0. 0	G0/0 接 S3 的 G0/1 G0/1 接 R3 的 G0/2 G0/2 接 R5 的 G0/1
2911 路由器 R5	G0/0 192. 168. 5. 254 G0/1 172. 19. 1. 2 G0/2 172. 20. 1. 1	255. 255. 255. 0 255. 255. 0. 0 255. 255. 0. 0	G0/0 接 S3 的 G0/1 G0/1 接 R4 的 G0/2 G0/2 接 R1 的 G0/2
2960 交换机 S1，S2，S3，S4，S5			

2. 网络拓扑图

网络拓扑图如图 9 - 1 所示。

9.4.1　标准访问控制列表配置

1. 任务要求

依照拓扑图及设备列表信息构建好实验拓扑，配置各 PC 及各 Server 的 IP 地址，开启各路由器接口并配置好各接口 IP，各路由器开启 RIPv2，使得全网能互通，再给路由器 R2 配置标准访问控制列表，使得达成对财务部访问控制的要求。

2. 任务过程

（1）构建好实验拓扑，配置各 PC 及各 Server 的 IP 地址。

（2）给路由器 R1 各接口配置 IP，并启用接口，开启 RIPv2，network 通告直连网络。

```
Router > en
Router#conf t
Router(config)#int g0/0
Router(config - if)#ip address 192. 168. 1. 254 255. 255. 255. 0
Router(config - if)#no shutdown
Router(config - if)#exit
Router(config)#int g0/1
Router(config - if)#ip address 172. 16. 1. 1 255. 255. 0. 0
Router(config - if)#no shutdown
Router(config - if)#exit
Router(config)#int g0/2
Router(config - if)#ip address 172. 20. 1. 2 255. 255. 0. 0
Router(config - if)#no shutdown
Router(config - if)#exit
Router(config)#router rip
Router(config - router)#version 2
Router(config - router)#network 192. 168. 1. 0
Router(config - router)#network 172. 16. 0. 0
Router(config - router)#network 172. 20. 0. 0
Router(config - router)#exit
```

（3）给路由器 R2 各接口配置 IP，并启用接口，开启 RIPv2，network 通告直连网络。

```
Router > en
Router#conf t
Router(config)#int g0/0
Router(config - if)#ip address 192. 168. 2. 254 255. 255. 255. 0
Router(config - if)#no shutdown
Router(config - if)#exit
```

Router(config)#int g0/1

Router(config – if)#ip address 172. 16. 1. 2 255. 255. 0. 0

Router(config – if)#no shutdown

Router(config – if)#exit

Router(config)#int g0/2

Router(config – if)#ip address 172. 17. 1. 1 255. 255. 0. 0

Router(config – if)#no shutdown

Router(config – if)#exit

Router(config)#router rip

Router(config – router)#version 2

Router(config – router)#network 192. 168. 2. 0

Router(config – router)#network 172. 16. 0. 0

Router(config – router)#network 172. 17. 0. 0

Router(config – router)#exit

(4)给路由器 R3 各接口配置 IP，并启用接口，开启 RIPv2，network 通告直连网络。

Router > en

Router#conf t

Router(config)#int g0/0

Router(config – if)#ip address 192. 168. 3. 254 255. 255. 255. 0

Router(config – if)#no shutdown

Router(config – if)#exit

Router(config)#int g0/1

Router(config – if)#ip address 172. 17. 1. 2 255. 255. 0. 0

Router(config – if)#no shutdown

Router(config – if)#exit

Router(config)#int g0/2

Router(config – if)#ip address 172. 18. 1. 1 255. 255. 0. 0

Router(config – if)#no shutdown

Router(config – if)#exit

Router(config)#router rip

Router(config – router)#version 2

Router(config – router)#network 192. 168. 3. 0

Router(config – router)#network 172. 17. 0. 0

Router(config – router)#network 172. 18. 0. 0

Router(config – router)#exit

(5)给路由器 R4 各接口配置 IP，并启用接口，开启 RIPv2，network 通告直连网络。

Router > en

Router#conf t

Router(config)#int g0/0

Router(config – if)#ip address 192.168.4.254 255.255.255.0

Router(config – if)#no shutdown

Router(config – if)#exit

Router(config)#int g0/1

Router(config – if)#ip address 172.18.1.2 255.255.0.0

Router(config – if)#no shutdown

Router(config – if)#exit

Router(config)#int g0/2

Router(config – if)#ip address 172.19.1.1 255.255.0.0

Router(config – if)#no shutdown

Router(config – if)#exit

Router(config)#router rip

Router(config – router)#version 2

Router(config – router)#network 192.168.4.0

Router(config – router)#network 172.18.0.0

Router(config – router)#network 172.19.0.0

Router(config – router)#exit

（6）给路由器 R5 各接口配置 IP，并启用接口，开启 RIPv2，network 通告直连网络。

Router > en

Router#conf t

Router(config)#int g0/0

Router(config – if)#ip address 192.168.5.254 255.255.255.0

Router(config – if)#no shutdown

Router(config – if)#exit

Router(config)#int g0/1

Router(config – if)#ip address 172.19.1.2 255.255.0.0

Router(config – if)#no shutdown

Router(config – if)#exit

Router(config)#int g0/2

Router(config – if)#ip address 172.20.1.1 255.255.0.0

Router(config – if)#no shutdown

Router(config – if)#exit

Router(config)#router rip

Router(config – router)#version 2

Router(config – router)#network 192.168.5.0

Router(config – router)#network 172.19.0.0

Router(config – router)#network 172.20.0.0

Router(config – router)#exit

（7）测试网络连通性。

在 PC1 上 ping 192.168.2.1，结果是通的；在 PC1 上 ping 192.168.3.1，结果是通的；在 PC1 上 ping 192.168.4.1，结果是通的；在 PC1 上 ping 192.168.5.1，结果是通的。

（8）给路由器 R2 配置标准访问控制列表。

Router(config)#access – list 1 permit 192.168.1.0 0.0.0.255

Router(config)#access – list 1 permit 192.168.5.0 0.0.0.255

Router(config)#int g0/0

Router(config – if)#ip access – group 1 out

（9）测试标准访问控制列表效果。

在 PC1 上 ping 192.168.2.1，结果是通的；在 PC3 上 ping 192.168.1.1，结果是不通的；在 PC4 上 ping 192.168.2.1，结果是不通的；在 ftp server 上 ping 192.168.2.1，结果是通的。结果符合对财务部的访问控制要求。

9.4.2　扩展访问控制列表配置

1. 任务要求

在上一任务基础上，对路由器 R5 做扩展访问控制列表配置，使得达成服务区 FTP、Web 服务器的访问控制目标。

2. 任务过程

（1）在 R5 上继续进行如下配置。

Router(config)#access – list　101　permit tcp host 192.168.3.1　host　192.168.5.1　eq 21

Router(config)#access – list　101　permit tcp 192.168.4.0　0.0.0.255　host 192.168.5.1 eq 21

Router(config)#access – list　101　permit tcp any host　192.168.5.2　eq www

Router(config)#access – list　101　permit icmp　192.168.4.0　0.0.0.255　192.168.5.2 0.0.0.0

Router(config)#access – list　101　permit tcp　192.168.4.1　0.0.0.0　host　192.168.5.2　eq 3389

Router(config)#int g0/0

Router(config – if)#ip access – group 101 out

（2）测试 FTP 服务器的访问控制。

在 PC1 上使用网络命令 ftp 192.168.5.1，结果是连接超时，连接不上。

在 PC2 上使用网络命令 ftp 192.168.5.1，结果是连接超时，连接不上。

在 PC3 上使用网络命令 ftp 192.168.5.1，结果是可以连接上。

在 PC4 上使用网络命令 ftp 192.168.5.1，结果是可以连接上。

在 PC5 上使用网络命令 ftp 192.168.5.1，结果是可以连接上。

结果符合对 FTP 服务器的访问控制的要求。

（3）测试 Web 服务器的访问控制。

在 PC1 上使用浏览器浏览网址 http：//192.168.5.2，结果是网页正常打开。

在 PC2 上使用浏览器浏览网址 http：//192.168.5.2，结果是网页正常打开。

在 PC3 上使用浏览器浏览网址 http：//192.168.5.2，结果是网页正常打开。

在 PC4 上使用浏览器浏览网址 http：//192.168.5.2，结果是网页正常打开。

在 PC5 上使用浏览器浏览网址 http：//192.168.5.2，结果是网页正常打开。

在 PC1 上 ping 192.168.5.2，结果是不通的。

在 PC2 上 ping 192.168.5.2，结果是不通的。

在 PC3 上 ping 192.168.5.2，结果是不通的。

在 PC4 上 ping 192.168.5.2，结果是通的。

在 PC5 上 ping 192.168.5.2，结果是通的。

在 PC4 上使用远程桌面连接 192.168.5.2，结果是连接超时，连接不上。

在 PC5 上使用远程桌面连接 192.168.5.2，结果是可以连接上。

结果符合对 Web 服务器的访问控制的要求。

9.5　【项目实训】ACL 综合应用

本实训要求掌握路由器的常规配置命令及路由器 ACL 配置。

本实训设备及环境要求如下：

(1)网线若干。

(2)3 台 2911 路由器。

(3)2 台 PC 和 1 台服务器(能提供 Web 服务)。

(4)网络拓扑图如图 9 - 3 所示。

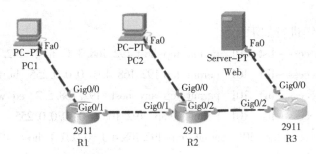

图 9 - 3　实训网络拓扑图

(5)设备及设备 IP 配置如表 9 - 2 所示。

表 9 - 2　设备及设备 IP 信息列表

设　　备	接口及 IP 地址	子网掩码	网　关
PC1	192.168.1.1	255.255.255.0	192.168.1.254
PC2	192.168.2.1	255.255.255.0	192.168.2.254
Server - PT 服务器设备 Web	192.168.3.1	255.255.255.0	192.168.3.254
2911 路由器 R1	g0/0 192.168.1.254 g0/1 10.1.1.1	255.255.255.0 255.0.0.0	
2911 路由器 R2	g0/0 192.168.2.254 g0/1 10.1.1.2 g0/2 20.1.1.1	255.255.255.0 255.0.0.0 255.0.0.0	

续表

设 备	接口及 IP 地址	子网掩码	网 关
2911 路由器 R3	g0/0 192. 168. 3. 254	255. 255. 255. 0	
	g0/2 20. 1. 1. 2	255. 0. 0. 0	

本实训要求如下：

（1）配置 RIPv2 路由协议，保证网络通信正常。

（2）在 R1 配置 ACL，要求完成以下功能：拒绝 PC1 所在的网络访问 Web 服务器；拒绝 PC1 所在的网络 ping 到外部网络的任何地址。

（3）配置 R2，使得只允许 PC2 能 telnet 到路由器 R2。

本实训过程如下：

（1）构建好网络拓扑，配置好各 PC 及 Server 的 IP 地址。

（2）给路由器 R1 各接口配置 IP，并启用接口，开启 RIPv2，network 通告直连网络。

Router > en

Router#conf t

Router(config)#int g0/0

Router(config – if)#ip address 192. 168. 1. 254 255. 255. 255. 0

Router(config – if)#no shutdown

Router(config – if)#exit

Router(config)#int g0/1

Router(config – if)#ip address 10. 1. 1. 1 255. 0. 0. 0

Router(config – if)#no shutdown

Router(config – if)#exit

Router(config)#router rip

Router(config – router)#version 2

Router(config – router)#network 192. 168. 1. 0

Router(config – router)#network 10. 0. 0. 0

Router(config – router)#exit

（3）给路由器 R2 各接口配置 IP，并启用接口，开启 RIPv2，network 通告直连网络。

Router > en

Router#conf   t

Router(config)#int g0/0

Router(config – if)#ip address 192. 168. 2. 254 255. 255. 255. 0

Router(config – if)#no shutdown

Router(config – if)#exit

Router(config)#int g0/1

Router(config – if)#ip address 10. 1. 1. 2 255. 0. 0. 0

Router(config – if)#no shutdown

Router(config – if)#exit

Router(config)#int g0/2

Router(config – if)#ip address 20.1.1.1 255.0.0.0

Router(config – if)#no shutdown

Router(config – if)#exit

Router(config)#router rip

Router(config – router)#version 2

Router(config – router)#network 192.168.2.0

Router(config – router)#network 10.0.0.0

Router(config – router)#network 20.0.0.0

Router(config – router)#exit

（4）给路由器 R3 各接口配置 IP，并启用接口，开启 RIPv2，network 通告直连网络。

Router > en

Router#conf t

Router(config)#int g0/0

Router(config – if)#ip address 192.168.3.254 255.255.255.0

Router(config – if)#no shutdown

Router(config – if)#exit

Router(config)#int g0/1

Router(config – if)#ip address 20.1.1.2 255.0.0.0

Router(config – if)#no shutdown

Router(config – if)#exit

Router(config)#router rip

Router(config – router)#version 2

Router(config – router)#network 192.168.2.0

Router(config – router)#network 20.0.0.0

Router(config – router)#exit

（5）给路由器 R1 配置 ACL。

Router(config)#access – list 101 deny tcp 192.168.1.0 0.0.0.255 host 192.168.3.1 eq 80

Router(config)#access – list 101 deny icmp 192.168.1.0 0.0.0.255 any

Router(config)#access – list 101 permit ip any any

Router(config)#int g0/0

Router(config – if)#ip access – group 101 in

（6）给路由器 R2 配置 ACL。只允许 PC2 能 telnet 路由器 R2，要注意 R2 有 3 个接口，3 个 IP。

Router(config)#access – list 101 permit tcp host 192.168.2.1 host 192.168.2.254 eq 23

Router(config)#access – list 101 permit tcp host 192.168.2.1 host 10.1.1.2 eq 23

Router(config)#access – list 101 permit tcp host 192.168.2.1 host 20.1.1.1 eq 23

Router(config)#access – list 101 deny tcp any host 192. 168. 2. 254 eq 23

Router(config)#access – list 101 deny tcp any host 10. 1. 1. 2 eq 23

Router(config)#access – list 101 deny tcp any host 20. 1. 1. 1 eq 23

Router(config)#access – list 101 permit ip any any

Router(config)#int g0/0

Router(config – if)#ip access – group 101 in

Router(config)#exit

Router(config)#int g0/1

Router(config – if)#ip access – group 101 in

Router(config)#exit

Router(config)#int g0/2

Router(config – if)#ip access – group 101 in

Router(config)#exit

(7)配置路由器 R2，允许 telnet 到路由器 R2。

Router(config)#line vty 0 4

Router(config – line)#password 123

Router(config – line)#login

Router(config – line)#exit

Router(config)#enable password abc

Router(config)#exit

项 目 小 结

标准访问控制列表占用路由器资源很少，是一种最基本最简单的访问控制列表格式，应用比较广泛，经常在要求控制级别较低的情况下使用。如果需要更加复杂的控制数据包的传输就需要使用扩展访问控制列表。扩展访问控制列表功能很强大，可以控制源 IP、目的 IP、源端口、目的端口等，能实现相当精细的控制。不过访问控制列表存在一个缺点，就是在没有硬件 ACL 加速的情况下，访问控制列表会消耗大量的路由器 CPU 资源。所以当使用中低档路由器时应尽量减少扩展 ACL 的条目数，将其简化为标准 ACL 或将多条扩展 ACL 合一是最有效的方法。如果设置 ACL 的规则比较多，应该使用基于名称的访问控制列表进行管理，这样可以减轻很多后期维护的工作，方便随时进行调整 ACL 规则。

习 题

一、选择题

1. 标准访问控制列表的数字标识范围是（　　　）。

A. 1 ~ 50　　　　　　B. 1 ~ 99　　　　　　C. 100 ~ 199　　　　　D. 1 ~ 199

2. 扩展访问控制列表的数字标识范围是（　　　）。

A. 1 ~ 50　　　　　　B. 1 ~ 99　　　　　　C. 100 ~ 199　　　　　D. 1 ~ 199

3. 标准访问控制列表的最佳放置位置是( )。

A. 越靠近数据包的目的地越好   B. 越靠近数据包的源越好

C. 无论放在什么位置都行   D. 入接口方向的任何位置

4. 以下对思科系列路由器的访问列表设置描述不正确的是( )。

A. 一条访问列表可以有多条规则组成

B. 一个接口只可以应用一条访问列表

C. 若某接口上没有应用访问控制列表，思科路由器默认允许所有数据包通过该接口

D. 在 Cisco 路由交换设备中默认最后一句为 ACL 中加入了 DENY ANY

5. 下面关于 ACL 的描述中，错误的是( )。

A. 标准 ACL 可以根据分组中的 IP 源地址进行过滤

B. 扩展 ACL 可以根据分组中的 IP 目标地址进行过滤

C. 标准 ACL 可以根据分组中的 IP 目标地址进行过滤

D. 扩展 ACL 可以根据不同的上层协议信息进行过滤

6. 使配置的访问列表应用到接口上的命令是( )。

A. access – group   B. access – list   C. ip access – list   D. ip access – group

7. 在配置访问控制列表的规则时，关键字"any"代表的通配符掩码是( )。

A. 0.0.0.0   B. 所使用的子网掩码的反码

C. 255.255.255.255   D. 0.0.0.255

8. 下列( )通配符掩码与子网 192.168.1.0/27 的所有主机匹配。

A. 255.255.255.0   B. 255.255.224.0   C. 0.0.0.255   D. 0.0.0.31

9. 配置如下两条访问控制列表：

access – list 1 permit 10.110.10.1 0.0.255.255

access – list 2 permit 10.110.100.100 0.0.255.255

访问控制列表 1 和 2，所控制的地址范围关系是( )。

A. 1 和 2 的范围相同   B. 1 的范围在 2 的范围内

C. 2 的范围在 1 的范围内   D. 1 和 2 的范围没有包含关系

10. 某台路由器上配置了如下一条访问控制列表：

access – list 4   permit   211.36.160.0   0.0.0.255

access – list 4   deny   211.36.0.0   0.0.255.255

则下面表述正确的是( )。

A. 只禁止源地址为 211.36.0.0 网段的所有访问

B. 只允许目的地址为 211.36.0.0 网段的所有访问

C. 检查源 IP 地址，禁止 211.36.0.0 大网段的主机，但允许其中的 211.36.160.0 小网段上的主机

D. 检查目的 IP 地址，禁止 211.36.0.0 大网段的主机，但允许其中的 211.36.160.0 小网段的主机

11. 访问控制列表 access – list 100 permit ip 210.18.1.1 0.0.255.255 211.18.15.2 0 的含义是( )。

A. 允许主机 210.18.1.1 访问主机 211.18.15.2

B. 允许 210.18.0.0 的网络访问 202.38.0.0 的网络

C. 允许主机 211.18.15.2 访问网络 210.18.0.0

D. 允许 210.18.0.0 的网络访问主机 211.18.15.2

12. IP 标准访问控制列表是基于下列(　　)来允许和拒绝数据包。

A. TCP 端口号　　　　　B. UDP 端口号　　　　　C. ICMP 报文　　　　　D. 源 IP 地址

13. "ip access – group"命令在接口上默认的应用方向是(　　)。

A. in　　　　　　　　　　　　　　　　　B. out

C. 具体取决于接口应用哪个访问控制列表　　D. 无默认值

14. 下面能够表示"禁止从 129.9.0.0 网段中的主机建立与 202.38.16.0 网段内的主机的 WWW 端口的连接"的访问控制列表是(　　)。

A. access – list 99 deny tcp　129.9.0.0　0.0.255.255　202.38.16.0　0.0.0.255　eq www

B. access – list 100 deny tcp　129.9.0.0　0.0.255.255　202.38.16.0　0.0.0.255　eq 80

C. access – list 100 deny ucp　129.9.0.0　0.0.255.255　202.38.16.0　0.0.0.255　eq www

D. access – list 99 deny ucp　129.9.0.0　0.0.255.255　202.38.16.0　0.0.0.255　eq 80

15. 下面关于访问控制列表的配置命令，正确的是(　　)。

A. access – list 100 deny 1.1.1.1

B. access – list 1 permit any

C. access – list 1 permit 1.1.1.1 0 2.2.2.2 0.0.0.255

D. access – list 99 denytcp any 2.2.2.2 0.0.0.255

16. 下列所述的配置中，(　　)是允许来自网段 172.16.0.0 的数据包进入路由器的串口？

A. access – list 10 permit 172.16.0.0 0.0.255.255

　　interface s0

　　ip access – group 10 out

B. access – group 10 permit 172.16.0.0 255.255.0.0

　　Interface s0

　　Ip access – list 10 out

C. access – list 10 permit 172.16.0.0 0.0.255.255

　　interface s0

　　ip access – group 10 in

D. access – list 10 permit 172.16.0.0 255.255.0.0

　　interfaces0

　　ip access – group 10 in

17. 如下访问控制列表的含义是(　　)。

access – list 102 deny udp 129.9.8.10 0.0.0.255 202.38.160.10 0.0.0.255 gt 128

A. 规则序列号是 102，禁止从 202.38.160.0/24 网段的主机到 129.9.8.0/24 网段的主机使用端口大于 128 的 UDP 协议进行连接

B. 规则序列号是 102，禁止从 202.38.160.0/24 网段的主机到 129.9.8.0/24 网段的主机使用端口小于 128 的 UDP 协议进行连接

C. 规则序列号是 102，禁止从 129.9.8.0/24 网段的主机到 202.38.160.0/24 网段的主机使用端口小于 128 的 UDP 协议进行连接

D. 规则序列号是 102，禁止从 129.9.8.0/24 网段的主机到 202.38.160.0/24 网段的主机使用端口大于 128 的 UDP 协议进行连接

18. 以下 ACL 语句中，含义为"允许 172.168.0.0/24 网段所有 PC 访问 10.1.0.10 中的 FTP 服务"的是（　　）。

A. access – list 101 deny tcp 172.168.0.0 0.0.0.255 host 10.1.0.10 eq ftp

B. access – list 101 permit tcp 172.168.0.0 0.0.0.255 host 10.1.0.10 eq ftp

C. access – list 101 deny tcp host 10.1.0.10 172.168.0.0 0.0.0.255 eq ftp

D. access – list 101 permit tcp host 10.1.0.10 172.168.0.0 0.0.0.255 eq ftp

19. 下列关于访问列表以及访问列表配置命令的说法中，不正确的是（　　）。

A. 访问列表有两类：IP 标准列表，IP 扩展列表

B. 标准访问列表根据数据包的源地址来判断是允许或者拒绝数据包

C. 访问控制列表起不到限制网络流量的作用

D. 扩展访问列表使用包含源地址以外的更多的信息描述数据包匹配规则

20. 关于子网掩码、反掩码和通配符掩码，正确的是（　　）。

A. 子网掩码就是通配符掩码

B. 通配符掩码与反掩码一样

C. 通配符掩码与子网掩码那样不允许出现不连续的 1 和 0

D. 通配符掩码中的设成 0 的位则表示 IP 地址中相对应的位必须精确匹配

二、填空题

1. 访问控制列表使用＿＿＿＿＿＿＿技术，用来控制端口进出的数据包。

2. ACL 可以在路由器端口处决定哪种类型的通信流量被转发或＿＿＿＿＿＿＿＿＿＿＿。

3. 标准访问控制列表只能根据＿＿＿＿＿＿＿＿＿＿＿＿来检查数据包。

4. 路由器使用＿＿＿＿＿＿＿＿＿＿＿＿与源或目标地址一起来分辨匹配的地址范围。

三、简答题

1. 请简述什么是访问控制列表。

2. 请简述访问控制列表的功能。

3. 请简述访问控制列表的实现机制。

4. 请简述标准访问控制列表和扩展访问控制列表的区别。

5. 请简述命名访问控制列表及其优势。

项目 ⑩

10.1 应用场景

某较大规模企业，在企业内部有小型机房，有多台服务器，其中需要对外提供服务的有 Web 服务器、邮件服务器等，这些服务要长期稳定，使用便捷，需要独立 IP 及相应域名。目前，企业内外数据访问量都较大，需要较大的宽带，上下行都有较高速度，要求稳定可靠高速高效的网络。

10.2 解决方案

企业对外服务器要长期稳定提供服务，需要固定的公网 IP，企业有较大的数据访问量及对网络要求稳定高速，应选用光纤专线，同时向 ISP 供应商租用至少 3 个固定 IP。出于安全因素的考量，Web 服务器、邮件服务器应置于企业内部局域网，2 个固定 IP 分别用于 Web 服务器、邮件服务器的静态 NAT 映射，使能对外提供服务。局域网内其他机器可通过 PAT 访问 Internet。模拟解决方案拓扑图如图 10 −1 所示，Cluster0 模拟 Internet，其内有一服务器 IP 为 61.122.1.2，R1 为企业出口路由器，R1 左边是企业内部网络。

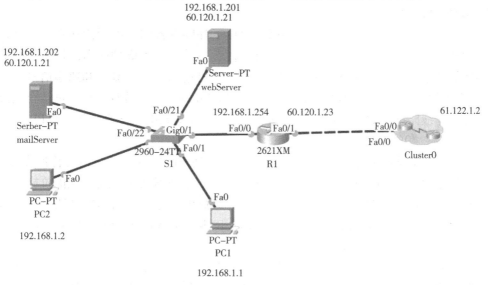

图 10 −1　模拟专线接入网络拓扑图

10.3 相关知识

10.3.1 光纤接入网

光纤通信具有通信容量大、质量高、性能稳定、防电磁干扰、保密性强等优点。在干线通信中，光纤扮演着重要角色，在接入网中，光纤接入也将成为发展的重点。光纤接入网指的是接入网中的传输媒质为光纤的接入网。光纤接入网从技术上可分为两大类，即有源光网络（Active Optical Network，AON）和无源光网络（Passive OpticaOptical Network，PON）。有源光网络又可分为基于 SDH 的 AON 和基于 PDH 的 AON，本文只讨论 SDH（同步光网络）系统。

1. 接入网用 SDH 系统

有源光网络的局端设备（CE）和远端设备（RE）通过有源光传输设备相连，传输技术是骨干网中已大量采用的 SDH 和 PDH 技术，但以 SDH 技术为主。远端设备主要完成业务的收集、接口适配、复用和传输功能。局端设备主要完成接口适配、复用和传输功能。此外，局端设备还向网络管理系统提供网管接口。在实际接入网建设中，有源光网络的拓扑结构通常是星形或环形。在接入网中应用 SDH（同步光网络）的主要优势在于：SDH 可以提供理想的网络性能和业务可靠性；SDH 固有的灵活性使对于发展极其迅速的蜂窝通信系统采用 SDH 系统尤其适合。当然，考虑到接入网对成本的高度敏感性和运行环境的恶劣性，适用于接入网的 SDH设备必须是高度紧凑，低功耗和低成本的新型系统，其市场应用前景看好。

接入网用 SDH 的最新发展趋势是支持 IP 接入，目前至少需要支持以太网接口的映射，于是除了携带话音业务量以外，可以利用部分 SDH 净负荷来传送 IP 业务，从而使 SDH 也能支持 IP 的接入。支持的方式有多种，除了现有的 PPP 方式外，利用 VC12 的级联方式来支持 IP 传输也是一种效率较高的方式。总之，作为一种成熟可靠提供主要业务收入的传送技术在可以预见的将来仍然会不断改进支持电路交换网向分组网的平滑过渡。

2. 无源光网络

无源光网络（PON）是一种纯介质网络，避免了外围设备的电磁干扰和雷电影响，减少了线路和外围设备的故障率，提高了系统可靠性，同时节省了维护成本，是电信维护部门长期期待的技术。PON 的业务透明性较好，原则上可适用于任何制式和速率信号。特别是一个 ATM 化的无源光网络（APON）可以通过利用 ATM 的集中和统计复用，再结合无源分路器对光纤和光线路终端的共享作用，使成本可望比传统的以电路交换为基础的 PDH/SDH 接入系统低 20%～40%。

APON 的业务开发是分阶段实施的，初期主要是 VP 专线业务。相对普通专线业务，APON 提供的 VP 专线业务设备成本低，体积小，省电、系统可靠稳定、性能价格比有一定优势。第二步实现一次群和二次群电路仿真业务，提供企业内部网的连接和企业电话及数据业务。第三步实现以太网接口，提供互联网上网业务和 VLAN 业务。以后再逐步扩展至其他业务，成为名副其实的全业务接入网系统。

APON 能否大量应用的一个重要因素是价格问题。第一代的实际 APON 产品的业务供给能力有限，成本过高，但其技术优势是明显的。特别是综合考虑运行维护成本，则在新建地区，高度竞争的地区或需要替代旧铜缆系统的地区，此时敷设 PON 系统，无论是 FTTC，还是 FTTB 方式都是一种有远见的选择。

光纤接入技术与其他接入技术（如铜双绞线、同轴电缆、五类线、无线等）相比，最大优势在于可用带宽大，而且还有巨大潜力可以开发，在这方面其他接入技术根本无法与其相比。光纤接入网还有传输质量好、传输距离长、抗干扰能力强、网络可靠性高、节约管道资源等特点。另外，SDH 和 APON 设备的标准化程度都比较高，有利于降低生产和运行维护成本。

根据光网络单元的位置，光纤接入方式可分为如下几种：FTTR（光纤到远端接点）；FTTB（光纤到大楼）；FTTC（光纤到路边）；FTTZ（光纤到小区）；FTTH（光纤到用户）。光网络单元具有光/电转换、用户信息分接和复接，以及向用户终端馈电和信令转换等功能。当用户终端为模拟终端时，光网络单元与用户终端之间还有数模和模数的转换器。

当然，与其他接入技术相比，光纤接入网也存在一定的劣势。主要的问题是成本还比较高。尤其是光结点离用户越近，每个用户分摊的接入设备成本就越高。另外，与无线接入相比，光纤接入网还需要管道资源。随着国家"提网速，降网费"的战略逐步推开，光纤接入网的资费也会越来越低，将会逐步成为主流。

10.3.2　NAT 技术

众所周知，IPv4 地址空间的短缺，长远的解决方法是增加地址空间，也就提出了 IPv6 方案。但是在 IPv6 开发和普及期间的过渡方法就是 NAT，即网络地址转换。NAT 是作为一种解决 IPv4 地址短缺以避免保留 IP 地址困难的方案而流行起来的。在这个 IPv4 与 IPv6 长期共存的时期，NAT 成为一种广泛应用的技术。NAT 是在 IP 封包通过路由器或防火墙时重写源 IP 地址或目的 IP 地址的技术，这种技术使得在私有网络中有多台主机但只通过一个或几个公网 IP 地址访问因特网成为可能。

在组建局域网时，往往都是使用私有 IP 地址进行局域网内部通信，使用的私有 IP 地址如 A 类：10.0.0.0 ~ 10.255.255.255、B 类：172.16.0.0 ~ 172.31.255.255 和 C 类：192.168.0.0 ~ 192.168.255.255。

这些地址是不会被互联网分配使用的，因此这些地址在互联网上也从来不会被路由。同时用户可以不必向 ISP 或注册中心申请就能在家庭或企业内部自由使用，虽然这些私有 IP 地址不能直接和互联网连接，但却能帮用户组建自己的内部网络，在内部局域网中将这些地址当作公用 IP 地址一样使用，与局域网内部的其他主机设备进行通信。

1. NAT 地址转换

NAT 技术能帮助解决令人头疼的 IP 地址紧缺的问题，实现公网地址和私网地址之间的映射，而且能使内部和外部的网络隔离，提供一定程度的网络安全保障。它解决问题的办法是，在内部网络中使用内部地址，通过 NAT 把内部地址翻译成合法的 IP 地址在 Internet 上使用，其具体的做法是把 IP 包内的地址域用合法的外部 IP 地址来替换。工作的基本流程可以从两个方面来概括：

（1）当私网内的 IP 包经 NAT 流入公网时，NAT 将此 IP 包的源 IP 地址改为 NAT 接口上的一个公网地址。

（2）当公网中的 IP 包经 NAT 访问私网资源时，NAT 将此 IP 包目的地址改为某一私网 IP 地址。

如图 10 - 2 所示，NAT 网关有 2 个网络端口，其中公共网络端口的 IP 地址是统一分配的公共 IP，为 202.20.65.5；私有网络端口的 IP 地址是保留地址为 192.168.1.1。私有网中的主机 192.168.1.2 向公共网中的主机 202.20.65.4 发送了 1 个 IP 包（Dst = 202.20.65.4，Src = 192.168.1.2）。

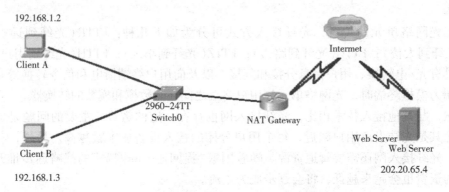

图 10 - 2　NAT 网关示意图

当 IP 包经过 NAT 网关时，NAT Gateway 会将 IP 包的源 IP 转换为 NAT Gateway 的公共 IP 并转发到公共网，此时 IP 包（Dst = 202.20.65.4，Src = 202.20.65.5）中已经不含任何私有网 IP 的信息。由于 IP 包的源 IP 已经被转换成 NAT Gateway 的公共 IP，Web Server 发出的响应 IP 包（Dst = 202.20.65.5，Src = 202.20.65.4）将被发送到 NAT Gateway。

这时，NAT Gateway 会将 IP 包的目的 IP 转换成私有网中主机的 IP，然后将 IP 包（Des = 192.168.1.2，Src = 202.20.65.4）转发到私有网。对于通信双方而言，这种地址的转换过程是完全透明的。转换示意图如图 10 - 3 所示。

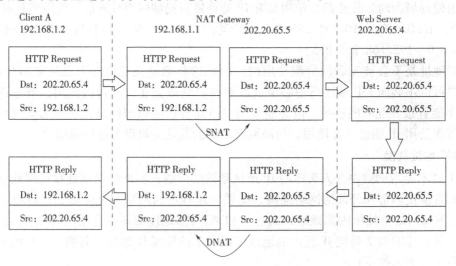

图 10 - 3　NAT 地址转换过程

如果内网主机发出的请求包未经过 NAT，那么当 Web Server 收到请求包，回复的响应包中的目的地址就是私网 IP 地址，在 Internet 上无法正确送达，导致连接失败。

2. 连接跟踪

在上述过程中，NAT Gateway 在收到响应包后，就需要判断将数据包转发给谁。此时如果子网内仅有少量客户机，可以用静态 NAT 手工指定；但如果内网有多台客户机，并且各自访问不同网站，这时就需要连接跟踪（connection track），如图 10-4 所示。

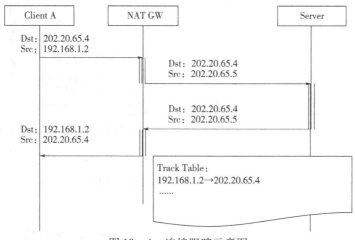

图 10-4　连接跟踪示意图

在 NAT Gateway 收到客户机发来的请求包后，做源地址转换，并且将该连接记录保存下来，当 NAT Gateway 收到服务器来的响应包后，查找 Track Table，确定转发目标，做目的地址转换，转发给客户机。

3. 端口转换

以上述客户机访问服务器为例，当仅有一台客户机访问服务器时，NAT Gateway 只须更改数据包的源 IP 或目的 IP 即可正常通信。但是如果 Client A 和 Client B 同时访问 Web Server，那么当 NAT Gateway 收到响应包时，就无法判断将数据包转发给哪台客户机，如图 10-5 所示。

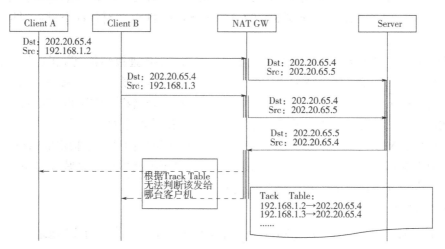

图 10-5　无连接跟踪的端口转换

此时，NAT Gateway 会在 Connection Track 中加入端口信息加以区分。如果两客户机访问同一服务器的源端口不同，那么在 Track Table 中加入端口信息即可区分，如果源端口正好相同，那么在实行 SNAT 和 DNAT 的同时对源端口也要做相应的转换，如图 10 - 6 所示。

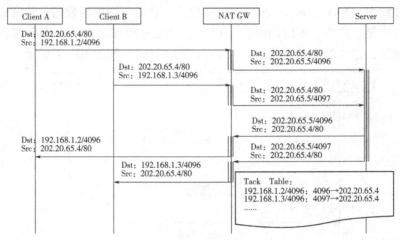

图 10 - 6　有连接跟踪的端口转换

4. NAT 的应用

NAT 主要可以实现以下几个功能：数据包伪装、平衡负载、端口转发和透明代理。

数据伪装：可以将内网数据包中的地址信息更改成统一的对外地址信息，不让内网主机直接暴露在因特网上，保证内网主机的安全。同时，该功能也常用来实现共享上网。例如，内网主机访问外网时，为了隐藏内网拓扑结构，使用全局地址替换私有地址。

端口转发：当内网主机对外提供服务时，由于使用的是内部私有 IP 地址，外网无法直接访问。因此，需要在网关上进行端口转发，将特定服务的数据包转发给内网主机。例如公司网管在公司内部 IP 为 192.168.1.200 的服务器上架设了一个 Web 网站，使用默认端口80，现在网管想让局域网外的用户也能直接访问该 Web 站点。利用 NAT 即可很轻松的解决这个问题，假定可用的外部 IP 地址为 61.59.189.231，那么可以做一个转换，如所有访问210.59.120.89：81 的请求都自动转向 192.168.0.5：80 即可，而且这个过程对用户来说是透明的。

负载平衡：目的地址转换 NAT 可以重定向一些服务器的连接到其他随机选定的服务器。

失效终结：目的地址转换 NAT 可以用来提供高可靠性的服务。如果一个系统有一台通过路由器访问的关键服务器，一旦路由器检测到该服务器当机，它可以使用目的地址转换NAT 透明的把连接转移到一个备份服务器上，提高系统的可靠性。

透明代理：NAT 可以把连接到因特网的 HTTP 连接重定向到一个指定的 HTTP 代理服务器以缓存数据和过滤请求。一些因特网服务提供商就使用这种技术来减少带宽的使用而不用让他们的客户配置他们的浏览器支持代理连接。

5. NAT 的几个概念

内部本地地址(Inside Local Address)：内部网络中的 PC 的私有 IP 地址，一般都是常见的。

内部全局地址(Inside Global Address)：是用于转换内部网络的公网 IP。

外部本地地址(Outside Local Address)：是访问 NAT 设备或路由器的外部主机使用的公网 IP 地址外部全局地址（outside global address）：是访问 NAT 设备或路由器的外部主机使用的公网 IP 地址。

ip nat inside source：当数据包从内部传输到外部时，先检查目的地的路由表，然后进行转换数据包的源地址，即将 inside local 地址翻译成为 inside global 地址；当数据包从外部回包到内部时，先进行转换数据包的目标地址，即将 inside global 地址翻译成为 inside local 地址，然后检查目的地的路由表。也就是说将 inside source 看成 inside 接口作为源，触发点就是在 inside 接口。

ip nat inside destination：当数据包从外部输到内部时，先转换数据包的目标地址，即将外部全局地址转换为外部局部地址，然后检查目的地的路由；当数据包从内部回包到外部时，先检查目的地的路由表，然后转换数据包的源地址，即将外部局部地址转换为外部全局地址。也就是说 inside destination 看成 inside 接口作为目的，那么触发点就在 outside 接口。

ip nat outside source：当数据包从外部传输到内部时，先转换数据包的源地址，将外部全局地址转换为外部局部地址，然后检查目的地的路由表；当数据包从内部回包到外部时，先检查目的地的路由表，然后转换数据包的目标地址，将外部局部地址转换为外部全局地址；也就是说 outside source 看成 outside 接口作为源，那么触发点就在 outside 接口。

ip nat outside destination：当数据包从外部传输到内部时，先转换数据包的目标地址，即将内部全局地址转换为内部局部地址，然后检查路由表；当从内部回包到外部时，先检查目的的路由表，然后转换数据包的目的地址，即将内部局部地址转换为内部全局地址。也就是说 outside destination 看成 outside 接口作为目的，那么触发点就是在 inside 接口。

6. NAT 实现方式

静态转换(Static Nat)是指将内部网络的私有 IP 地址转换为公有 IP 地址，IP 地址是一对一的永久映射，即某个私有 IP 地址只转换为某个公有 IP 地址。借助于静态转换，可以实现外部网络对内部网络中某些特定设备(如服务器)的访问。

动态转换(Dynamic Nat)是指将内部网络的私有 IP 地址转换为公用 IP 地址时，IP 地址是不确定的，是随机的，所有被授权访问 Internet 的私有 IP 地址可随机转换为任何指定的合法 IP 地址。也就是说，只要指定哪些内部地址可以进行转换，以及用哪些合法地址作为外部地址时，就可以进行动态转换。实际环境中用的比较少。

端口多路复用(Port address Translation，PAT)是指改变外出数据包的源端口并进行端口转换，即端口地址转换(PAT，Port AddressTranslation)。采用端口多路复用方式，内部网络的所有主机均可共享一个合法外部 IP 地址实现对 Internet 的访问，从而可以最大限度地节约 IP 地址资源。同时，又可隐藏网络内部的所有主机，有效避免来自 Internet 的攻击。因此，目前网络中应用最多的是端口多路复用方式。

7. NAT 配置中的常用命令

ip nat {inside | outside}：接口配置命令。以在至少一个内部和一个外部接口上启用 NAT。

ip nat inside source static local – ip global – ip：全局配置命令。在对内部局部地址使用静态地址转换时，用该命令进行地址定义。

access – list access – list – number ｛permit｜deny｝local – ip – address：使用该命令为内部网络定义一个标准的 IP 访问控制列表。

ip nat pool pool – name start – ip end – ip netmask netmask［type rotary］：使用该命令为内部网络定义一个 NAT 地址池。

ip nat inside source list access – list – number pool pool – name［overload］：使用该命令定义访问控制列表与 NAT 内部全局地址池之间的映射。

ip nat outside source list access – list – number pool pool – name［overload］：使用该命令定义访问控制列表与 NAT 外部局部地址池之间的映射。

ip nat inside destination list access – list – number pool pool – name：使用该命令定义访问控制列表与终端 NAT 地址池之间的映射。

show ip nat translations：显示当前存在的 NAT 转换信息。

show ip nat statistics：查看 NAT 的统计信息。

show ip nat translations verbose：显示当前存在的 NAT 转换的详细信息。

debug ip nat：跟踪 NAT 操作，显示出每个被转换的数据包。

clear ip nat translations ＊：删除 NAT 映射表中的所有内容。

10.4 项目实施

1. 设备及设备 IP 信息列表

设备及设备 IP 信息如表 10 – 1 所示。

表 10 – 1　设备及设备 IP 信息列表

设　　备	接口及 IP 地址	子网掩码	网　　关
PC1	192. 168. 1. 1，接 S1 的 F0/1	255. 255. 255. 0	192. 168. 1. 254
PC2	192. 168. 1. 2，接 S1 的 F0/2	255. 255. 255. 0	192. 168. 1. 254
Server – PT 设备 webServer	192. 168. 1. 201，接 S1 的 F0/21	255. 255. 255. 0	192. 168. 1. 254
Server – PT 设备 mailServer	192. 168. 1. 202，接 S1 的 F0/22	255. 255. 255. 0	192. 168. 1. 254
2960 交换机 S1			
Cluster0 内部路由器 internet	F0/0 60. 120. 1. 1 F0/1 61. 122. 1. 1	255. 0. 0. 0 255. 0. 0. 0	F0/0 接 R1 的 F0/1 F0/1 接 S0
Cluster0 内部服务器 Server – PT 设备 S0	61. 122. 1. 2，接路由器 internet 的 f0/1 接口	255. 0. 0. 0	61. 122. 1. 1
2621XM 路由器 R1	F0/0 192. 168. 1. 254 F0/1 60. 120. 1. 23	255. 255. 255. 0 255. 0. 0. 0	F0/0 接 S1 的 G0/1

2. 网络拓扑图

网络拓扑图如图 10 - 7 所示。

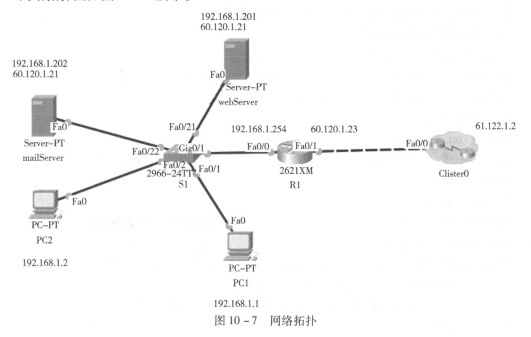

图 10 - 7　网络拓扑

10.4.1　静态 NAT

1. 任务要求

依照拓扑图及设备列表信息构建好实验拓扑，配置各 PC 及各 Server 的 IP 地址，配置 R1 的默认路由，然后配置静态 NAT，192.168.1.201（webServer）的外部 IP 为 60.120.1.21，192.168.1.202（mailServer）的外部 IP 为 60.120.1.22，最后测试 webServer 能否 ping 通 Internet 上的服务器 61.122.1.2。

2. 任务过程

（1）构建好实验拓扑，配置各 PC 及各 Server 的 IP 地址，模拟 internet 的 Cluster0 内部的路由器只需要启用各接口并配置各接口 ip，Cluster0 内部的服务器 S0 也只需要配置好 IP。

（2）R1 的具体配置过程。

① 给路由器 R1 各接口配置 ip，并启用接口。

Router > en

Router#conf t

Router(config)#int f0/0

Router(config - if)#ip address 192.168.1.254 255.255.255.0

Router(config - if)#no shutdown

Router(config - if)#exit

Router(config)#int f0/1

Router(config - if)#ip address 60.120.1.23 255.0.0.0

Router(config – if)#no shutdown

Router(config – if)#exit

② 测试1，在 R1 上 ping 61.122.1.2，结果是不通的。

③ 给路由器配置默认路由。

Router(config)#ip route 0.0.0.0 0.0.0.0 60.120.1.1

④ 测试2，在 R1 上 ping 61.122.1.2，结果应该是通的。

⑤ 测试3，在 webServer 上 ping 61.122.1.2，结果应该是不通的。

⑥ 给路由器配置静态 NAT。

Router(config)#int f0/0

Router(config – if)#ip nat inside   ! 指定 f0/0 为内部接口

Router(config – if)#exit

Router(config)#int f0/1

Router(config – if)#ip nat outside   ! 指定 f0/1 为外部接口

Router(config – if)#exit

Router(config)#ip nat inside source static 192.168.1.201 60.120.1.21
　　　　　　! 建立两个 IP 地址之间的(static)静态映射

Router(config)#ip nat inside source static 192.168.1.202 60.120.1.22

Router(config)#exit

⑦ 测试4，在 R1 上 ping 61.122.1.2，结果是通的。在 webServer 上 ping 61.122.1.2，结果应该是通的。在 mailServer 上 ping 61.122.1.2，结果应该是通的。在 PC1 上 ping 61.122.1.2，结果应该是不通的。

⑧ 在路由器 R1 特权模式下上执行命令 show ip nat translations，结果如下。

```
Router#show ip nat translations
Pro  Inside global    Inside local     Outside local    Outside global
icmp 60.120.1.21:1    192.168.1.201:1  61.122.1.2:1     61.122.1.2:1
icmp 60.120.1.21:2    192.168.1.201:2  61.122.1.2:2     61.122.1.2:2
icmp 60.120.1.21:3    192.168.1.201:3  61.122.1.2:3     61.122.1.2:3
icmp 60.120.1.21:4    192.168.1.201:4  61.122.1.2:4     61.122.1.2:4
icmp 60.120.1.22:1    192.168.1.202:1  61.122.1.2:1     61.122.1.2:1
icmp 60.120.1.22:2    192.168.1.202:2  61.122.1.2:2     61.122.1.2:2
icmp 60.120.1.22:3    192.168.1.202:3  61.122.1.2:3     61.122.1.2:3
icmp 60.120.1.22:4    192.168.1.202:4  61.122.1.2:4     61.122.1.2:4
icmp 60.120.1.22:5    192.168.1.202:5  61.122.1.2:5     61.122.1.2:5
icmp 60.120.1.22:6    192.168.1.202:6  61.122.1.2:6     61.122.1.2:6
icmp 60.120.1.22:7    192.168.1.202:7  61.122.1.2:7     61.122.1.2:7
```

10.4.2　PAT 配置

1. 任务要求

在上一任务基础上，对路由器 R1 做 PAT 配置，使得 PC1、PC2 都能复用外部 IP 地址 60.120.1.23 来访问 Internet。

2. 任务过程

① 在 R1 上继续进行如下配置。

Router(config)#access – list 1 permit 192.168.1.0   0.0.0.127

! 定义访问控制列表1 允许内部网通过的 IP 地址范围 192.168.1.1 至 192.168.1.127

Router(config)#ip nat inside source list 1 int f0/1 overload

！定义内部源地址控制列表的送出端口，Overload 表明复用外网接口地址

② 测试。

在 webServer 上 ping 61. 122. 1. 2 –n 90，结果是通的。

在 mailServer 上 ping 61. 122. 1. 2 –n 90，结果是通的。

在 PC2 上 ping 61. 122. 1. 2 –n 90，结果是通的。

在 PC1 上 ping 61. 122. 1. 2 –n 90，结果是通的。

在路由器 R1 特权模式下上执行命令 show ip nat translations，结果如下。

```
Router#show ip nat translations
Pro  Inside global      Inside local       Outside local      Outside global
icmp 60.120.1.21:71     192.168.1.201:71   61.122.1.2:71      61.122.1.2:71
icmp 60.120.1.21:72     192.168.1.201:72   61.122.1.2:72      61.122.1.2:72
icmp 60.120.1.21:73     192.168.1.201:73   61.122.1.2:73      61.122.1.2:73
icmp 60.120.1.21:74     192.168.1.201:74   61.122.1.2:74      61.122.1.2:74
icmp 60.120.1.21:75     192.168.1.201:75   61.122.1.2:75      61.122.1.2:75
icmp 60.120.1.22:121    192.168.1.202:121  61.122.1.2:121     61.122.1.2:121
icmp 60.120.1.22:122    192.168.1.202:122  61.122.1.2:122     61.122.1.2:122
icmp 60.120.1.22:123    192.168.1.202:123  61.122.1.2:123     61.122.1.2:123
icmp 60.120.1.22:124    192.168.1.202:124  61.122.1.2:124     61.122.1.2:124
icmp 60.120.1.22:125    192.168.1.202:125  61.122.1.2:125     61.122.1.2:125
icmp 60.120.1.22:126    192.168.1.202:126  61.122.1.2:126     61.122.1.2:126
icmp 60.120.1.23:1025   192.168.1.2:62     61.122.1.2:62      61.122.1.2:1025
icmp 60.120.1.23:1026   192.168.1.2:63     61.122.1.2:63      61.122.1.2:1026
icmp 60.120.1.23:1027   192.168.1.2:64     61.122.1.2:64      61.122.1.2:1027
icmp 60.120.1.23:1028   192.168.1.2:65     61.122.1.2:65      61.122.1.2:1028
icmp 60.120.1.23:1029   192.168.1.2:66     61.122.1.2:66      61.122.1.2:1029
icmp 60.120.1.23:1030   192.168.1.2:67     61.122.1.2:67      61.122.1.2:1030
icmp 60.120.1.23:1031   192.168.1.2:68     61.122.1.2:68      61.122.1.2:1031
icmp 60.120.1.23:1032   192.168.1.2:69     61.122.1.2:69      61.122.1.2:1032
icmp 60.120.1.23:61     192.168.1.1:61     61.122.1.2:61      61.122.1.2:61
icmp 60.120.1.23:62     192.168.1.1:62     61.122.1.2:62      61.122.1.2:62
icmp 60.120.1.23:63     192.168.1.1:63     61.122.1.2:63      61.122.1.2:63
icmp 60.120.1.23:64     192.168.1.1:64     61.122.1.2:64      61.122.1.2:64
icmp 60.120.1.23:65     192.168.1.1:65     61.122.1.2:65      61.122.1.2:65
icmp 60.120.1.23:66     192.168.1.1:66     61.122.1.2:66      61.122.1.2:66
icmp 60.120.1.23:67     192.168.1.1:67     61.122.1.2:67      61.122.1.2:67
icmp 60.120.1.23:68     192.168.1.1:68     61.122.1.2:68      61.122.1.2:68
```

10. 5　【项目实训】动态 NAT

本实训要求掌握路由器的常规配置命令及路由器动态 NAT 网络地址变换。

本实训背景描述如下：

公司 1 内部有 4 台 PC，公司 1 向当地电信部门申请了 3 个公网的 IP 地址 60. 120. 1. 2/8，60. 120. 1. 3/8，60. 120. 1. 4/8，网关 60. 120. 1. 1，电信部门仅提供 1 根网线到户。公司 1 购置一台路由器通过 NAT 转换技术，使得其内部的几台 PC 能同时连上 Internet。公司 1 内部 PC 使用私有 IP，范围是 192. 168. 1. 1 ~ 192. 168. 1. 4，这些 PC 的访问数据包中的源 IP 被路由器转换为 60. 120. 1. 2 或 60. 120. 1. 3 或 60. 120. 1. 4，再在 Internet 上传播，实现私有网络访问公网的要求。

公司 2 也是类似地实现了其内部 PC 同时访问 Internet 的要求。为节约费用，公司 2 仅向当地电信部门申请了 1 个公网的 IP 地址 62. 124. 1. 2/8，网关为 62. 124. 1. 1。

本实训要求如下：

对路由器 R1 配置默认路由和 NAT，外部地址池为 3 个 IP（分别是 60. 120. 1. 2、

60. 120. 1. 3、60. 120. 1. 4），使得 PC101，PC102，PC103，PC104 中至少 3 台可以同时访问 Internet，以能否 ping 通 62. 124. 1. 2 为判断依据；

对路由器 R2 配置默认路由和 PAT，使得 PC201、PC202 能访问 Internet，以能否 ping 通 60. 120. 1. 2 为判断依据。

本实训设备及环境如下：

（1）网线若干。

（2）2 台 2960 交换机器，3 台 2811 路由器。

（3）6 台 PC 机。

（4）网络拓扑图如图 10 - 8 所示。

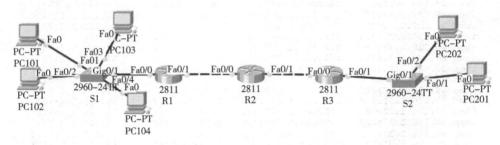

图 10 - 8   实训网络拓扑图

（5）设备及设备 IP 配置如表 10 - 2 所示。

表 10 - 2   设备及设备 IP 信息列表

设　　备	接口及 IP 地址	子网掩码	网　　关
PC101	192. 168. 1. 1	255. 255. 255. 0	192. 168. 1. 254
PC102	192. 168. 1. 2	255. 255. 255. 0	192. 168. 1. 254
PC103	192. 168. 1. 3	255. 255. 255. 0	192. 168. 1. 254
PC104	192. 168. 1. 4	255. 255. 255. 0	192. 168. 1. 254
PC201	192. 168. 1. 1	255. 255. 255. 0	192. 168. 1. 254
PC202	192. 168. 1. 2	255. 255. 255. 0	192. 168. 1. 254
2811 路由器 R1	F0/0 192. 168. 1. 254 F0/1 60. 120. 1. 2	255. 255. 255. 0 255. 0. 0. 0	
2811 路由器 R2	F0/0 60. 120. 1. 1 F0/1 62. 124. 1. 1	255. 255. 255. 0 255. 0. 0. 0	
2811 路由器 R3	F0/0 62. 124. 1. 2 F0/1 192. 168. 1. 254	255. 255. 255. 0 255. 0. 0. 0	
2960 交换机 S1			
2960 交换机 S2			

本实训过程如下：

（1）构建好网络拓扑，配置好各 PC 的 IP 地址。

（2）路由器 R2 的配置如下。

Router > enable

Router#configure terminal

Router(config)#interface FastEthernet0/0

Router(config – if)#ip address 60. 120. 1. 1 255. 0. 0. 0

Router(config – if)#exit

Router(config)#interface FastEthernet0/1

Router(config – if)#ip address 62. 124. 1. 1 255. 0. 0. 0

Router(config – if)#exit

（3）路由器 R3 的配置如下。

Router > enable

Router#configure terminal

Router(config)#interface FastEthernet0/0

Router(config – if)#ip address 62. 124. 1. 2 255. 0. 0. 0

Router(config – if)#no shutdown

Router(config – if)#exit

Router(config)#interface FastEthernet0/1

Router(config – if)#ip address 192. 168. 1. 254 255. 255. 255. 0

Router(config – if)#no shutdown

Router(config)#ip route 0. 0. 0. 0 0. 0. 0. 0 62. 124. 1. 1 ！给路由器配置默认路由

Router(config)#int f0/1

Router(config – if)#ip nat inside　　　　　　　! 指定 f0/1 为内部接口

Router(config – if)#exit

Router(config)#int f0/0

Router(config – if)#ip nat outside　　　　　　! 指定 f0/0 为外部接口

Router(config – if)#exit

Router(config)#access – list 1 permit 192. 168. 1. 0 0. 0. 0. 255

　　　　　　　　! 定义允许内部网通过的 IP 地址

Router(config)#ip nat inside source list 1 int f0/1 overload

　　　　　　　! 定义内部源地址控制列表的送出端口, Overload 表明复用外网接口地址

（4）路由器 R1 的配置如下。

Router > enable

Router#configure terminal

Router(config)#interface FastEthernet0/1

Router(config – if)#ip address 62. 120. 1. 2　255. 0. 0. 0

Router(config – if)#no shutdown

Router(config – if)#exit

Router(config)#interface FastEthernet0/0

Router(config – if)#ip address 192. 168. 1. 254　255. 255. 255. 0

Router(config – if)#no shutdown

Router(config)#ip route 0. 0. 0. 0 0. 0. 0. 0 60. 120. 1. 1　　　！给路由器配置默认路由

Router(config)#int f0/0

Router(config – if)#ip nat inside　　　　　　　　　　！指定 f0/0 为内部接口

Router(config – if)#exit

Router(config)#int f0/1

Router(config – if)#ip nat outside　　　　　　　　　！指定 f0/1 为外部接口

Router(config – if)#exit

Router(config)#access – list 1 permit 192. 168. 1. 0　0. 0. 0. 255
　　！定义允许内部网通过的 IP 地址

Router(config)#ip nat pool jtpool 60. 120. 1. 2 60. 120. 1. 4 netmask 255. 0. 0. 0
　　！定义名为 jtpool 的全局地址池,包含地址 60. 120. 1. 2 至 60. 120. 1. 4

Router(config)#ip nat inside source list 1 pool jtpool
　　！建立全局地址池 jtpool 和标准访问控制列表 1 之间的映射关系

Router(config)#exit

Router#

(5)测试

在 PC101 上 ping 62. 124. 1. 2　– n 90,结果是通的。

在 PC102 上 ping 62. 124. 1. 2　– n 90,结果是通的。

在 PC103 上 ping 62. 124. 1. 2　– n 90,结果是通的。

在 PC201 上 ping 60. 120. 1. 1　– n 90,结果是通的。

在 PC202 上 ping 60. 120. 1. 1　– n 90,结果是通的。

在路由器 R1 特权模式下上执行命令 show ip nat translations,结果如下。

```
Router#show ip nat translations
Pro  Inside global      Inside local       Outside local      Outside global
icmp 62.124.1.2:41      192.168.1.1:41     60.120.1.2:41      60.120.1.2:41
icmp 62.124.1.2:42      192.168.1.1:42     60.120.1.2:42      60.120.1.2:42
icmp 62.124.1.2:43      192.168.1.1:43     60.120.1.2:43      60.120.1.2:43
icmp 62.124.1.2:44      192.168.1.1:44     60.120.1.2:44      60.120.1.2:44
icmp 62.124.1.2:45      192.168.1.1:45     60.120.1.2:45      60.120.1.2:45
icmp 62.124.1.2:46      192.168.1.1:46     60.120.1.2:46      60.120.1.2:46
icmp 62.124.1.2:61      192.168.1.2:61     60.120.1.2:61      60.120.1.2:61
icmp 62.124.1.2:62      192.168.1.2:62     60.120.1.2:62      60.120.1.2:62
icmp 62.124.1.2:63      192.168.1.2:63     60.120.1.2:63      60.120.1.2:63
icmp 62.124.1.2:64      192.168.1.2:64     60.120.1.2:64      60.120.1.2:64
icmp 62.124.1.2:65      192.168.1.2:65     60.120.1.2:65      60.120.1.2:65
icmp 62.124.1.2:66      192.168.1.2:66     60.120.1.2:66      60.120.1.2:66
icmp 62.124.1.2:67      192.168.1.2:67     60.120.1.2:67      60.120.1.2:67
icmp 62.124.1.2:68      192.168.1.2:68     60.120.1.2:68      60.120.1.2:68
icmp 62.124.1.2:69      192.168.1.2:69     60.120.1.2:69      60.120.1.2:69
icmp 62.124.1.2:70      192.168.1.2:70     60.120.1.2:70      60.120.1.2:70
```

在路由器 R3 特权模式下上执行命令 show ip nat translations,结果如下。

```
Router#show ip nat translations
Pro  Inside global      Inside local      Outside local      Outside global
icmp 62.124.1.2:41      192.168.1.1:41    60.120.1.2:41      60.120.1.2:41
icmp 62.124.1.2:42      192.168.1.1:42    60.120.1.2:42      60.120.1.2:42
icmp 62.124.1.2:43      192.168.1.1:43    60.120.1.2:43      60.120.1.2:43
icmp 62.124.1.2:44      192.168.1.1:44    60.120.1.2:44      60.120.1.2:44
icmp 62.124.1.2:45      192.168.1.1:45    60.120.1.2:45      60.120.1.2:45
icmp 62.124.1.2:46      192.168.1.1:46    60.120.1.2:46      60.120.1.2:46
icmp 62.124.1.2:61      192.168.1.2:61    60.120.1.2:61      60.120.1.2:61
icmp 62.124.1.2:62      192.168.1.2:62    60.120.1.2:62      60.120.1.2:62
icmp 62.124.1.2:63      192.168.1.2:63    60.120.1.2:63      60.120.1.2:63
icmp 62.124.1.2:64      192.168.1.2:64    60.120.1.2:64      60.120.1.2:64
icmp 62.124.1.2:65      192.168.1.2:65    60.120.1.2:65      60.120.1.2:65
icmp 62.124.1.2:66      192.168.1.2:66    60.120.1.2:66      60.120.1.2:66
icmp 62.124.1.2:67      192.168.1.2:67    60.120.1.2:67      60.120.1.2:67
icmp 62.124.1.2:68      192.168.1.2:68    60.120.1.2:68      60.120.1.2:68
icmp 62.124.1.2:69      192.168.1.2:69    60.120.1.2:69      60.120.1.2:69
icmp 62.124.1.2:70      192.168.1.2:70    60.120.1.2:70      60.120.1.2:70
```

项 目 小 结

目前，我国信息化水平不断提高，多媒体通信的应用也正在普及，视频点播(IP/TV)、电子商务(E-Business)、IP-Phone、电子购物等已成为人们的日常网络行为，这对网络的带宽、时延、传输质量等提出更高的要求。光纤专线接入，提供更高的带宽，更切合大量数据访问的需求。

一个规模较大的企业内部的主机通常使用私有地址作为内部地址，然后通过 NAT 技术进行内部地址和外部地址之间的转换，从而实现企业内部所有主机通过专线高速接入互联网。

习　　题

一、选择题

1. 当在 Cisco 路由器上配置 NAT 时，内部本地 IP 地址是(　　)。

A. 内部主机显示给外部网络的 IP 地址

B. 外部主机显示给内部网络的 IP 地址

C. 内部主机显示给内部网络的 IP 地址

D. 分配给外部网络中的主机的已配置的 IP 地址

2. NAT(网络地址转换)的功能是(　　)。

A. 将 IP 协议改为其他网络协议

B. 实现 ISP(因特网服务提供商)之间的通信

C. 实现拨号用户的接入功能

D. 实现私有 IP 地址与公共 IP 地址的相互转换

3. 如果企业内部需要连接入 Internet 的主机一共有 200 台，但该企业只申请到一个 C 类的合法 IP 地址，则应该使用(　　)NAT 方式实现。

A. 静态 NAT　　　　　B. 动态 NAT　　　　　C. PAT　　　　　D. TCP 负载均衡

4. 下列关于地址转换的描述，不正确的是(　　)。

A. 地址转换有效地解决了因特网地址短缺所面临的问题

B. 地址转换实现了对用户透明的网络外部地址的分配

C. 地址转换使得网络调试变得更加简单

D. 地址转换为内部主机提供了一定的"隐私"保护

5. 下面有关 NAT 叙述不正确的是( )。

A. NAT 是"地址转换"的缩写，又称地址翻译

B. 进行 NAT 地址转换，至少需要 2 个以上的公用网络地址

C. NAT 用来实现私有地址与公用网络地址之间的转换

D. 地址转换的提出为解决 IP 地址紧张的问题提供了一个有效途径

6. 下列关于地址池的描述，正确的说法是( )。

A. 只能定义一个地址池

B. 地址池中的地址可以是不连续的

C. 当某个地址池已和某个访问控制列表关联时，不允许删除这个地址池

D. 以上说法都不正确

7. 企业内部有一台服务器 IP 地址是 192.168.10.2，该服务器需要对 Internet 提供 WWW 服务，为此，需要在出口路由器上把该地址映射为公网地址 200.10.12.1，以下配置正确的是( )。

A. ip nat inside source static tcp 200.10.12.1 80 192.168.10.2 80

B. ip nat inside source static tcp 192.168.10.2 80 200.10.12.1 80

C. ip nat inside source tcp 192.168.10.2 80 200.10.12.1 80

D. ip nat inside source tcp 200.10.12.1 80 192.168.10.2 80

8. NAT 配置中如果在定义地址映射的语句中含有 overload，则表示( )。

A. 配置需要重启才能生效　　　　　　B. 启用端口多路复用

C. 启用动态 NAT　　　　　　　　　　D. 无意义

9. 当使用下列命令配置了路由器后，将有( )地址可用于进行动态 NAT 转换。

Router(config)#ip nat pool TM 203.18.1.23 203.18.1.30 netmask 255.255.255.224

Router(config)#ip nat inside source list 9 pool TM

A. 7　　　　　　　　B. 8　　　　　　　　C. 24　　　　　　　　D. 30

10. 有关在 NAT 技术中定义的接口类型的说法，错误的是( )。

A. 其中一种接口类型是 overload　　　　B. 其中一种接口类型是 inside

C. 其中一种接口类型是 outside　　　　　D. 有两种接口类型

二、填空题

1. 网络地址转换共有 3 种类型：静态地址转换、动态地址转换和_____。

2. NAT 是在 IP 封包通过路由器或防火墙时重写_____的技术。

3. NAT 主要可以实现以下几个功能：数据包伪装、平衡负载、_____和透明代理。。

三、实验题

某公司内部有近 200 台计算机，使用网段 172.16.1.0/24，该网段内全部机器能访问 Internet。其中有 PC1 和 PC2 两台要对外服务的 PC，这两台机器不但允许内部网段机器能够访问，而且要求 Internet 上的外网用户也能够访问这两台 PC。为实现此功能，该公司向当

地的 ISP 申请了一段公网的 IP 地址 210.28.1.2/24——210.28.1.4/24，通过 NAT 转换，当 Internet 上的用户访问这两台 PC 时，实际访问的是 210.28.1.3 和 210.28.1.4 这两个公网的 IP 地址，但用户的访问数据被路由器 Router - A 分别转换为 172.16.1.251 和 172.16.1.252 两个内网的私有 IP 地址。网络拓扑如图 10 - 9 所示，设备及 IP 信息列表如表 10 - 3 所示，请对路由器 R1、R2 进行配置，已达到要求功能。

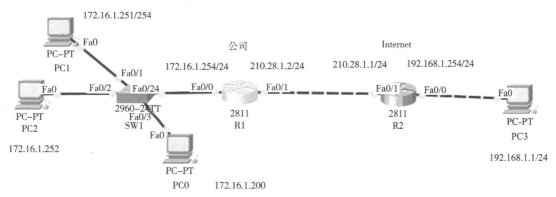

图 10 - 9　实验网络拓扑图

表 10 - 3　设备及设备 IP 信息列表

设　　备	接口及 IP 地址	子网掩码	网　　关
PC0	172.16.1.200	255.255.255.0	172.16.1.254
PC1	172.16.1.251	255.255.255.0	172.16.1.254
PC2	172.16.1.252	255.255.255.0	172.16.1.254
PC3	192.168.1.1	255.255.255.0	192.168.1.254
2811XM 路由器 R1	F0/0 172.16.1.254 F0/1 210.28.1.2	255.255.255.0 255.255.255.0	
2811XM 路由器 R2	F0/1 210.28.1.1 F0/0 192.168.1.254	255.255.255.0 255.255.255.0	
2960 交换机 SW1			

第4篇
网络服务构建

项目 11

Windows Server 2008网络服务构建

11.1 应用场景

某企业有固定员工工作电脑约 50 台，部分员工有时也会携带笔记本电脑回来办公。企业内部有 1 台服务器提供 Web 办公服务（域名 www. abc. com）和 FTP 文件服务（域名 ftp. abc. com），另有 1 台服务电商平台服务器（域名 shop. abc. com）和 3 台高性能工作站。为了方便网络管理及员工使用，将在公司内部网络建立域名解析、动态主机地址分配等服务。

11.2 解决方案

企业内部可以使用 192. 168. 1. 0/24 网段，192. 168. 1. 1 分配作为此网段的网关 IP，192. 168. 1. 2 作为 Web 和 FTP 服务器 IP，192. 168. 1. 3 作为电商平台服务器 IP，192. 168. 1. 4 作为内部 DNS 和 HDCP 服务器 IP，这些服务器等将手工配置 IP 地址。

DNS 服务器构建一个正向查找区域，负责解析公司域名。

DHCP 服务器中创建一个作用域，动态分配 192. 168. 1. 100 ~202 这个范围的 IP 给员工使用，其中 192. 168. 1. 200 ~202 这 3 个 IP 保留起来固定分配给 3 台高性能工作站。另外，192. 168. 1. 190 ~199 这 10 个 IP 排除在外不做分配，以备日后增加工作站时使用。

构建 Web 服务器提供内部 Web 办公服务，构建 FTP 服务器提供内部文件存取服务。

服务器操作系统均使用 Windows Server 2008，解决方案拓扑图如图 11 -1 所示。

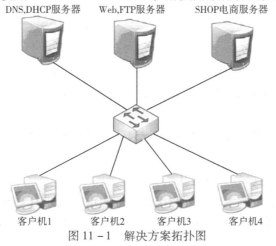

图 11 - 1　解决方案拓扑图

11.3 相关知识

11.3.1 DNS 服务

DNS（Domain Name System 或 Domain Name Service，计算机域名系统），是由解析器和域名服务器组成的。域名服务器是指保存有该网络中所有主机的域名和对应 IP 地址，并具有将域名转换为 IP 地址功能的服务器。其中域名必须对应一个 IP 地址，而 IP 地址不一定只对应于某个域名。域名系统采用类似目录树的等级结构。域名服务器为客户机/服务器模式中的服务器方，它主要有两种形式：主服务器和转发服务器。将域名映射为 IP 地址的过程称为"域名解析"。

在 Internet 上域名与 IP 地址之间是一对一（或者多对一）的，也可采用 DNS 轮循实现一对多，域名虽然便于人们记忆，但机器之间只认 IP 地址。当用户在应用程序中输入域名进行网络访问时，DNS 服务可将此名称解析为与之相对应的 IP 地址信息。用户上网时在浏览器中输入网址，是通过域名解析系统解析找到相对应的 IP 地址，才能实现上网。其实，域名的最终指向是 IP 地址。

1. DNS 域名空间的分层结构

Internet 上的顶级域名有两种，机构域和地理域。Internet 域名的层次如图 11 - 2 所示。

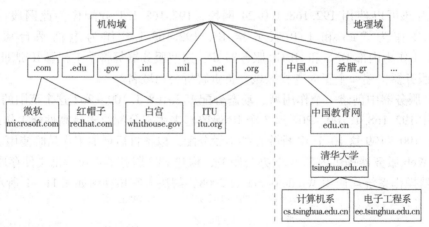

图 11 - 2 Internet 域名的层次

（1）机构域：将域名空间按功能分成几大类，分别表示不同的组织，如 com（商业组织）、edu（教育机构）、org（政府机构）、net（网络提供者）、int（国际实体）、mil（军事机构）、org（其他组织）等。

（2）地理域：按照地理位置划分的国家或地区代码，通常用两个字符表示。

2. 域名解析过程

DNS 的工作原理及过程分为下面几个步骤：

（1）客户机提出域名解析请求，并将该请求发送给本地的 DNS 服务器。

（2）当本地的 DNS 服务器收到请求后，就先查询本地的缓存，如果有该记录项，则本地的域名服务器就直接把查询的结果返回。

（3）如果本地的缓存中没有该记录，则本地域名服务器就直接把请求发给根域名服务器，然后根域名服务器再返回给本地 DNS 服务器一个所查询域（根的子域）的主域名服务器的 IP 地址。

（4）本地 DNS 服务器再向上一步返回的域名服务器发送请求，然后接受请求的 DNS 服务器查询自己的缓存，如果没有该记录，则返回相关的下级 DNS 服务器的 IP 地址。

（5）重复（4），直到找到正确的记录。

（6）本地 DNS 服务器把返回的结果保存到缓存，以备下一次使用，同时将结果返回给 DNS 客户机。

3. Hosts 文件解析域名

（1）Hosts 文件概述

Hosts 是一个没有扩展名的系统文件，可以用记事本等工具打开，其作用就是将一些常用的网址域名与其对应的 IP 地址建立一个关联"数据库"，当用户通过域名访问网络时，系统会首先自动从 Hosts 文件中寻找目标域名对应的 IP 地址，一旦找到，系统会建立与目标 IP 的连接，如果没有找到，则系统会再将目标域名提交 DNS 域名解析服务器进行 IP 地址的解析。

Hosts 文件的默认位置为% SystemRoot% \system32\drivers\etc\，其中，% Systemroot% 指系统安装路径。例如，Windows 7、Windows 8、Windows 10 系统安装在 C:\WINDOWS，那么 Hosts 文件就在 C:\WINDOWS\system32\drivers\etc 中。Hosts 文件具有系统属性，系统默认是不显示此文件的，用户需要注意如何查找到系统文件。

在 Windows 中，默认的 hosts 文件通常是包含了注释语句并使用了一条默认规则：

127.0.0.1 localhost

::1 localhost

（2）Hosts 文件的用途

① 加快域名解析。对于要经常访问的网站，用户可以通过在 Hosts 中配置域名和 IP 的映射关系，提高域名解析速度。由于有了映射关系，当用户输入域名计算机就能很快解析出 IP，而不用请求网络上的 DNS 服务器。

② 方便局域网用户。在很多单位的局域网中，会有服务器提供给用户使用。但由于局域网中一般很少架设 DNS 服务器，访问这些服务器时，要输入难记的 IP 地址。这对人们来说相当麻烦，可以分别给这些服务器取个容易记住的名字，然后在 Hosts 中建立 IP 映射，以后访问时，只要输入这个服务器的名字即可。

③ 通过域名重定向屏蔽网站。有很多网站不经过用户同意就将各种各样的插件安装到本地计算机中，甚至是木马或病毒。对于这些网站，用户可以利用 Hosts 把该网站的域名映射到错误的 IP 或本地计算机的 IP，这样就不会再访问这些网站。在 Windows 系统中，约定 127.0.0.1 为本地计算机的 IP 地址，0.0.0.0 是错误的 IP 地址。

如果用户要屏蔽两个恶意网站 stock888.cn 和 17234.com，可以在 Hosts 文件末写入以下内容：

127.0.0.1 stock888.cn

0.0.0.0 17234.com

这样，计算机解析域名 stock888.cn 和 17234.com 时，就解析到本机 IP 或错误的 IP，达到了屏蔽网站的目的。

11.3.2 DHCP 服务

TCP/IP 网络上的每一台计算机都需要拥有一个 IP 地址，这个地址用于从计算机上获取用户需要的信息或是向计算机传送重要信息。IP 地址能够被静态或动态地分配给每一台计算机。所谓静态分配 IP 地址，就是网络中的每一台计算机被分配一个固定的 IP 地址，且不重复。如果网络中的一台计算机已经被转移到其他网段中，就必须重新更改它的 IP 地址。

动态地址分配是计算机向特定服务器临时申请一个 IP 地址，并且在一段时期内租用该 IP 地址，这就大大地减少了在管理上所耗费的时间。该协议被称为"动态主机分配协议"（DHCP），用于管理 IP 地址的服务器称为 DHCP 服务器，申请地址的工作站被称为"客户端"。

DHCP 提供了安全的、可靠的且简单的 TCP/IP 网络配置，确保不会发生地址冲突，并且通过地址分配的集中管理预留 IP 地址。DHCP 提供了计算机 IP 地址的动态配置，系统管理员通过限定租用时间来控制 IP 地址的分配，该租用时间限定了一台计算机可以使用一个已分配给它的 IP 地址的时间。

1. DHCP 工作过程

DHCP 工作过程如图 11-3 所示。

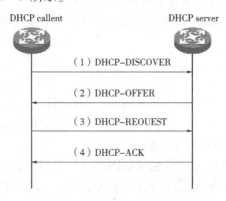

DHCP callent　　　　　　　　DHCP server

（1）DHCP-DISCOVER

（2）DHCP-OFFER

（3）DHCP-REQUEST

（4）DHCP-ACK

图 11-3　DHCP 工作过程

（1）寻找 DHCP Server

当 DHCP 客户机第一次登录网络时（也就是客户机上没有任何 IP 地址数据时），它会通过 UDP 67 端口向网络上发出一个 DHCP discover 数据包（包中包含客户机的 MAC 地址和计算机名等信息）。因为客户机还不知道自己属于哪一个网络，所以封包的源地址为 0.0.0.0，目标地址为 255.255.255.255，然后再附上 DHCP discover 的信息，向网络进行广播。

DHCP discover 的等待时间预设为 1 s，也就是当客户机将第一个 DHCP discover 封包送出去之后，在 1 s 之内没有得到回应的话，就会进行第二次 DHCP discover 广播。若一直没有得到回应，客户机会将这一广播包重新发送 4 次（以 2、4、8、16 s 为间隔，加上 1~1

000 毫秒之间随机长度的时间）。如果都没有得到 DHCP Server 的回应，客户机会从
169.254.0.0/16 这个自动保留的私有 IP 地址中选用一个 IP 地址。并且每隔 5 min 重新广播
一次，如果收到某个服务器的响应，则继续 IP 租用过程。

（2）提供 IP 地址租用

当 DHCP Server 监听到客户机发出的 DHCP discover 广播后，它会从还没有租出去的地
址中，选择最前面的空置 IP，连同其他 TCP/IP 设定，通过 UDP 68 端口响应给客户机一个
DHCP OFFER 数据包（包中包含 IP 地址、子网掩码、地址租期等信息）。此时还是使用广播
进行通信，源 IP 地址为 DHCP Server 的 IP 地址，目标地址为 255.255.255.255。同时，DH-
CP Server 为此客户保留它提供的 IP 地址，从而不会为其他 DHCP 客户分配此 IP 地址。

由于客户机在开始时还没有 IP 地址，所以在其 DHCP discover 封包内会带有其 MAC 地
址信息，并且有一个 XID 编号来辨别该封包，DHCP Server 响应的 DHCP OFFER 封包则会
根据这些资料传递给要求租约的客户。

（3）接受 IP 租约

如果客户机收到网络上多台 DHCP 服务器的响应，只会挑选其中一个 DHCP OFFER（一
般是最先到达的那个），并且会向网络发送一个 DHCP REQUEST 广播数据包（包中包含客户
端的 MAC 地址、接受的租约中的 IP 地址、提供此租约的 DHCP 服务器地址等），告诉所有
DHCP Server 它将接受哪一台服务器提供的 IP 地址，所有其他的 DHCP 服务器撤销它们的
提供以便将 IP 地址提供给下一次 IP 租用请求。此时，由于还没有得到 DHCP Server 的最后
确认，客户端仍然使用 0.0.0.0 为源 IP 地址，255.255.255.255 为目标地址进行广播。

事实上，并不是所有 DHCP 客户机都会无条件接受 DHCP Server 的 OFFER，特别是如
果这些主机上安装有其他 TCP/IP 相关的客户机软件。客户机也可以用 DHCP REQUEST 向
服务器提出 DHCP 选择，这些选择会以不同的号码填写在 DHCP Option Field 里面。客户机
可以保留自己的一些 TCP/IP 设定。

（4）租约确认

当 DHCP Server 接收到客户机的 DHCP REQUEST 之后，会广播返回给客户机一个 DH-
CP ACK 消息包，表明已经接受客户机的选择，并将这一 IP 地址的合法租用以及其他的配
置信息都放入该广播包发给客户机。由于客户还没正式通过冲突检测，故客户端没有正式
使用，服务器使用 0.0.0.0 为源 IP 地址，255.255.255.255 为目标地址进行广播。

客户机在接收到 DHCP ACK 广播后，会向网络发送 3 个针对此 IP 地址的 ARP 解析请求
以执行冲突检测，查询网络上有没有其他机器使用该 IP 地址；这个通信，客户使用
0.0.0.0 为源 IP 地址，DHCP Server 初步提供的 IP 为目标地址进行 ARP 应答广播。如果发
现该 IP 地址已经被使用，客户机会发出一个 DHCP DECLINE 数据包给 DHCP Server，拒绝
此 IP 地址租约，并重新发送 DHCP discover 信息。此时，在 DHCP 服务器管理控制台中，会
显示此 IP 地址为 BAD _ ADDRESS。

如果网络上没有其他主机使用此 IP 地址，则客户机的 TCP/IP 使用租约中提供的 IP 地
址完成初始化，客户端可以正式使用此 IP，从而可以和其他网络中的主机进行通信。

2. DHCP 客户机租期续约

客户机会在租期过去 50% 时，直接向为其提供 IP 地址的 DHCP Server 发送 DHCP RE-

QUEST 消息包。如果客户机接收到该服务器回应的 DHCP ACK 消息包，客户机就根据包中所提供的新的租期以及其他已经更新的 TCP/IP 参数，更新自己的配置，IP 租用更新完成。如果没有收到该服务器的回复，则客户机继续使用现有的 IP 地址，因为当前租期还有 50%。

如果在租期过去 50% 时没有更新，则客户机将在租期过去 87.5% 时再次向为其提供 IP 地址的 DHCP 联系。如果还不成功，到租约的 100% 时，客户机必须放弃这个 IP 地址，重新申请。如果此时无 DHCP 可用，客户机会使用 169.254.0.0/16 中随机的一个地址，并且每隔 5 min 再进行尝试。

3. DHCP 的 IP 地址的分配方式

DHCP 服务器具有 3 种 IP 的分配方式，即手动分配、自动分配和动态分配。其中动态分配功能最为强大，配置也最为烦琐。目前的 DHCP 服务器一般支持全部的几种分配方式或者是其中的两种。

手动分配：在手动分配中，网络管理员在 DHCP 服务器中通过手工方法配置 DHCP 客户机的 IP 地址。当 DHCP 客户机要求网络服务时，DHCP 服务器把手工配置的 IP 地址传递给 DHCP 客户机。

自动分配：在自动分配中，不需要进行任何的 IP 地址手工分配。当 DHCP 客户机第一次向 DHCP 服务器租用到 IP 地址后，这个地址就永久地分配给了该 DHCP 客户机，而不会再分配给其他客户机。

动态分配：当 DHCP 客户机向 DHCP 服务器租用 IP 地址时，DHCP 服务器只是暂时分配给客户机一个 IP 地址。只要租约到期，这个地址就会还给 DHCP 服务器，以供其他客户机使用。如果 DHCP 客户机仍需要一个 IP 地址来完成工作，则可以再要求另外一个 IP 地址。

动态分配方法是唯一能够自动重复使用 IP 地址的方法，它对于暂时连接到网上的 DHCP客户机来说尤其方便，对于永久性与网络连接的新主机来说也是分配 IP 地址的好方法。DHCP 客户机在不再需要时才放弃 IP 地址，如 DHCP 客户机要正常关闭时，它可以把 IP 地址释放给 DHCP 服务器，然后 DHCP 服务器就可以把该 IP 地址分配给申请 IP 地址的 DHCP 客户机。

使用动态分配方法可以解决 IP 地址不够用的困扰，例如 C 类网络只能支持 254 台主机，而网络上的主机有三百多台，但如果网上同一时间最多有 200 个用户，此时如果使用手工分配或自动分配将不能解决这一问题。而动态分配方式的 IP 地址并不固定分配给某一客户机，只要有空闲的 IP 地址，DHCP 服务器就可以将它分配给要求地址的客户机；当客户机不再需要 IP 地址时，就由 DHCP 服务器重新收回。

11.4　项目实施

11.4.1　创建 DNS 服务器

1. 在服务器上添加 DNS 服务角色

（1）首先按要求手动设置 DNS 服务器的 IP 地址为 192.168.1.4，子网掩码为 255.255.255.0，网关为 192.168.1.1。

（2）单击"开始"→"管理工具"→"服务器管理器"命令，打开图 11 - 4 所示的窗口，单击"角色"→"添加角色"按钮，启动添加角色向导。

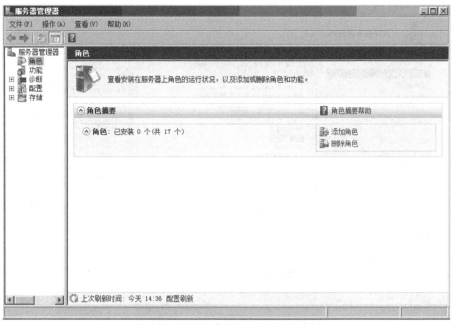

图 11 - 4　"服务器管理器"窗口

（3）弹出"添加角色向导"对话框，"开始之前"步骤提示一些验证事项，单击"下一步"按钮，如图 11 - 5 所示。

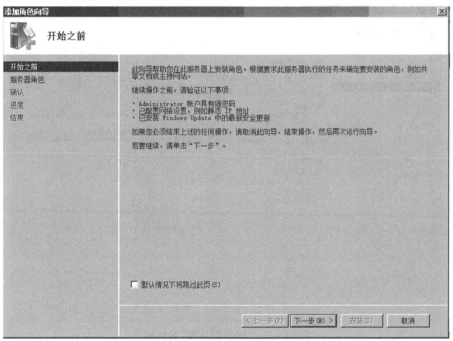

图 11 - 5　"添加角色向导"对话框

（4）进入"服务器角色"步骤，选择"DNS 服务器"角色，单击"下一步"按钮，如图 11 – 6 所示。

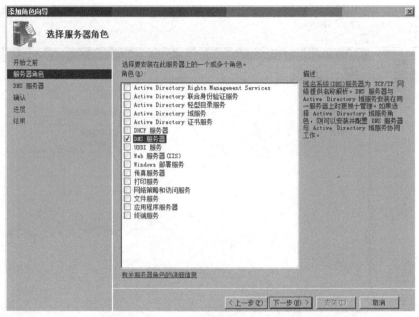

图 11 – 6　"选择服务器角色"对话框

（5）进入"DNS 服务器"步骤，提示 DNS 服务器简介和注意事项，单击"下一步"按钮，如图 11 – 7 所示。

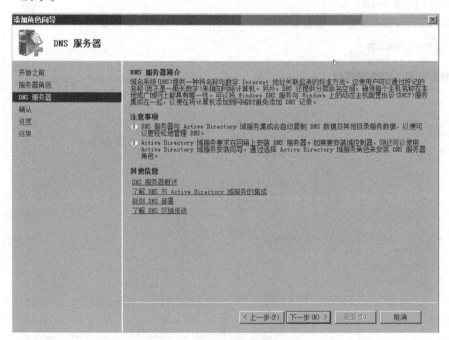

图 11 – 7　"DNS 服务器"对话框

（6）进入"确认"步骤，确认安装选择，单击"安装"按钮，如图11-8所示。

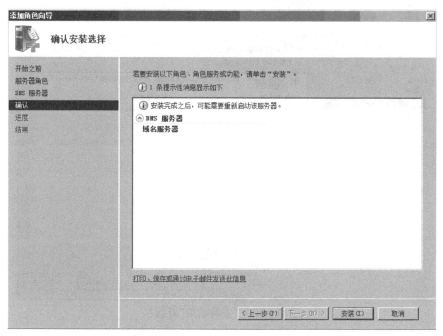

图11-8 "确认安装选择"对话框

（7）进入"进度"步骤，实时显示安装进度条，如图11-9所示。

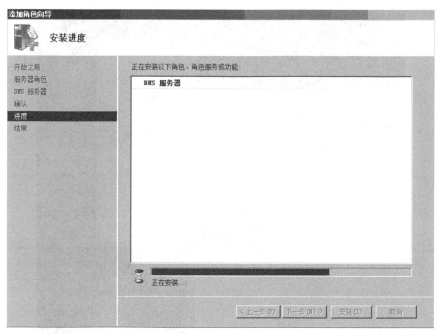

图11-9 "安装进度"对话框

（8）单击"下一步"按钮，进入"结果"步骤，提示安装成功信息以及一些警告信息，单击"关闭"按钮，安装完成，如图11-10所示。

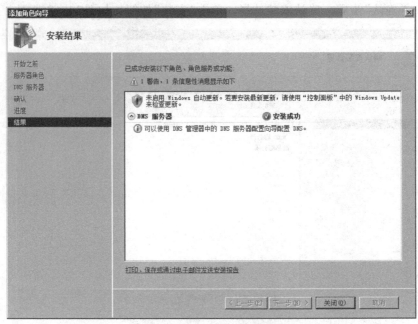

图 11 – 10 "安装结果"对话框

2. 配置 DNS 服务器

（1）单击"开始"→"管理工具"→"DNS"命令，如图 11 – 11 所示，将打开"DNS 管理器"窗口。

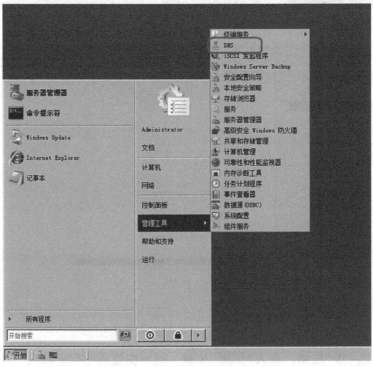

图 11 – 11 单击"DNS"菜单

（2）右击"正向查找区域"，选择菜单中的"新建区域（Z）"命令，如图 11 - 12 所示。

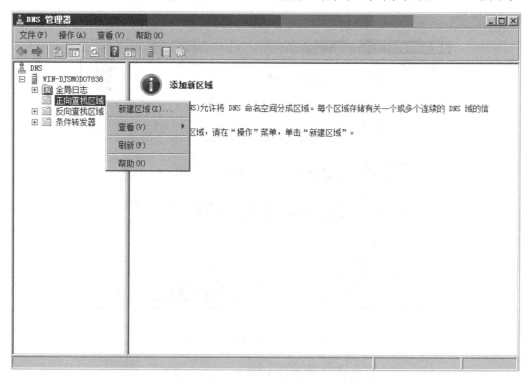

图 11 - 12 选择"新建区域"命令

（3）弹出"新建区域向导"对话框，单击"下一步"按钮，如图 11 - 13 所示。

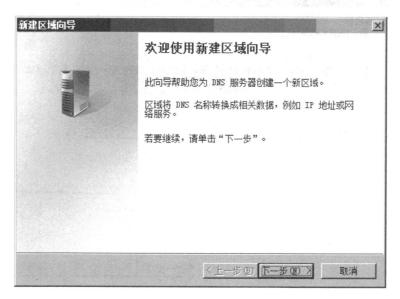

图 11 - 13 "新建区域向导"对话框

（4）弹出"区域类型"对话框，选择"主要区域"单选按钮，单击"下一步"按钮，如图 11 – 14所示。

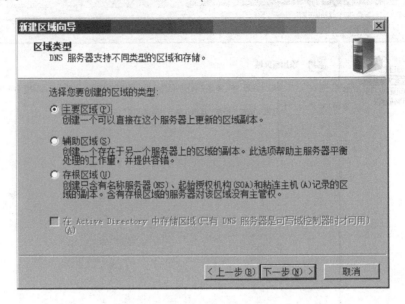

图 11 – 14　"区域类型"对话框

（5）弹出"区域名称"对话框，填写区域名称"abc.com"，单击"下一步"按钮，如图 11 – 15所示。

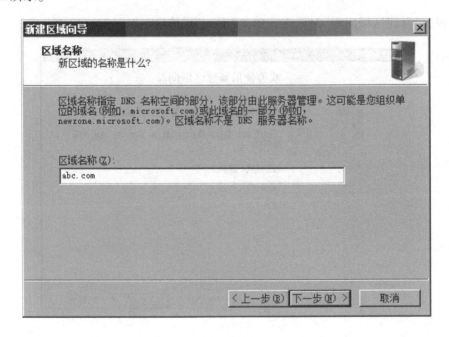

图 11 – 15　"区域名称"对话框

（6）弹出"区域文件"对话框，使用默认设置（创建新文件，文件名为 abc. com. dns），单击"下一步"按钮，如图 11 – 16 所示。

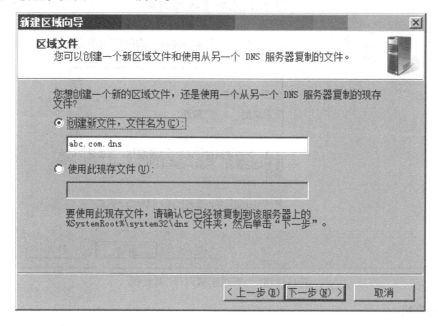

图 11 – 16 "区域文件"对话框

（7）弹出"动态更新"对话框，使用默认设置，不允许动态更新，单击"下一步"按钮，如图 11 – 17 所示。

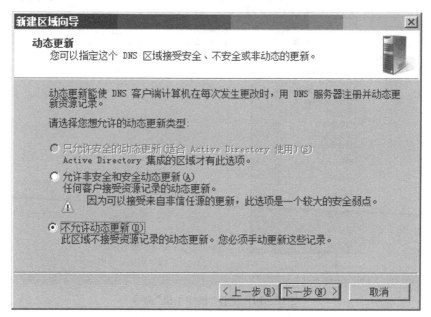

图 11 – 17 "动态更新"对话框

（8）弹出"新建区域向导"对话框，单击"完全"按钮，如图 11 – 18 所示。

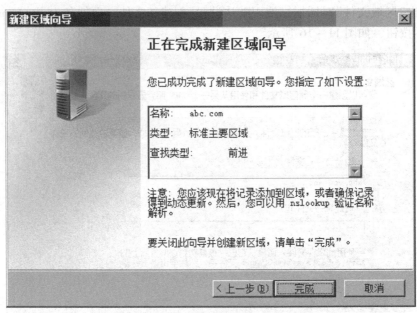

图 11 – 18　"新建区域向导"对话框

3. 添加主机

（1）在"DNS 管理器"窗口中，右击"正向查找区域"→"abc.com"选项，选择"新建主机"命令，如图 11 – 19 所示。

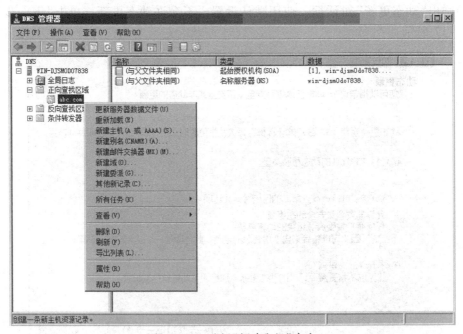

图 11 – 19　选择"新建主机"命令

（2）弹出"新建主机"对话框，建立域名 www. abc. com 与 IP 地址 192. 168. 1. 2 的映射，在"名称"框中填入主机名称"www"，"IP 地址"框中填入"192. 168. 1. 2"，如图 11 – 20 所

示，单击"添加主机"按钮。

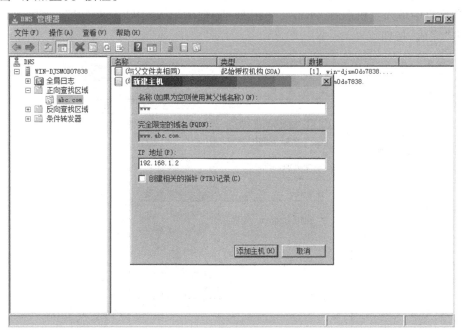

图 11 - 20 "新建主机"对话框 1

（3）在"新建主机"对话框中继续建立域名 ftp. abc. com 与 IP 地址 192. 168. 1. 2 的映射，在"名称"框中填入主机名称"ftp"，"IP 地址"框中填入"192. 168. 1. 2"，如图 11 - 21 所示，单击"添加主机"按钮。

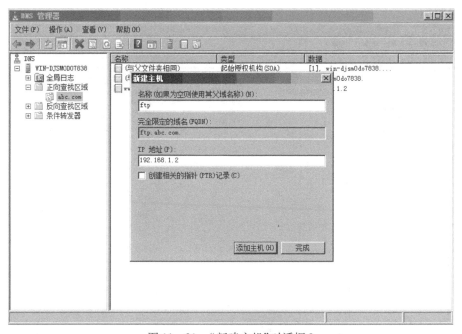

图 11 - 21 "新建主机"对话框 2

（4）在"新建主机"对话框中继续建立域名 shop. abc. com 与 IP 地址 192. 168. 1. 3 的映射，在名称框中填入主机名称"shop"，"IP 地址"框中填入"192. 168. 1. 3"，如图 11 – 22 所示，单击"完成"按钮。

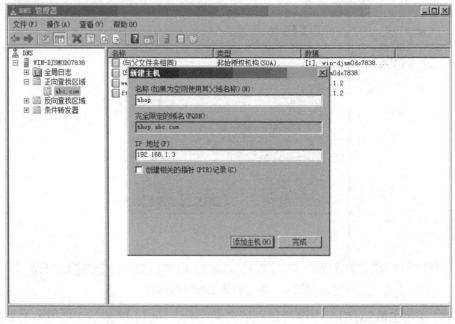

图 11 – 22 "新建主机"对话框 3

（5）完成主机添加后，将在"正向查找区域"→"abc. com"中看到全部主机列表，如图 11 – 23所示。

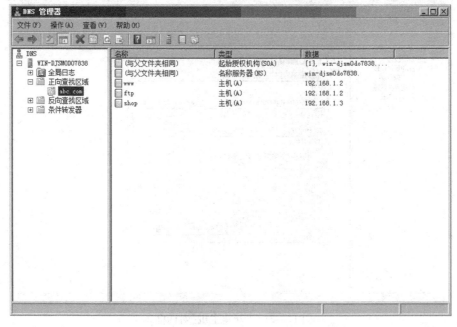

图 11 – 23 新区域的全部主机列表

4. 测试 DNS 服务

(1)选择一台客户机,手动配置给机器的 IP 地址为 192.168.1.204,首选 DNS 服务器为 192.168.1.4(刚配置好的 DNS 服务器的 IP 地址),将在该机器中进行 DNS 服务的测试,该机器的 IP 配置如图 11-24 所示。

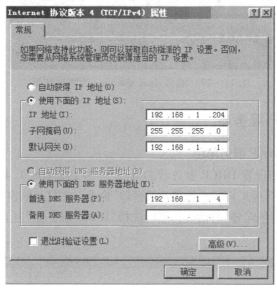

图 11-24　设置测试客户机的 IP

(2)在该客户机,通过 ping www.abc.com 进行 DNS 服务的测试,结果如图 11-25 所示。图中可见域名 www.abc.com 已被正确解析为对应的 IP 地址 192.168.1.2。

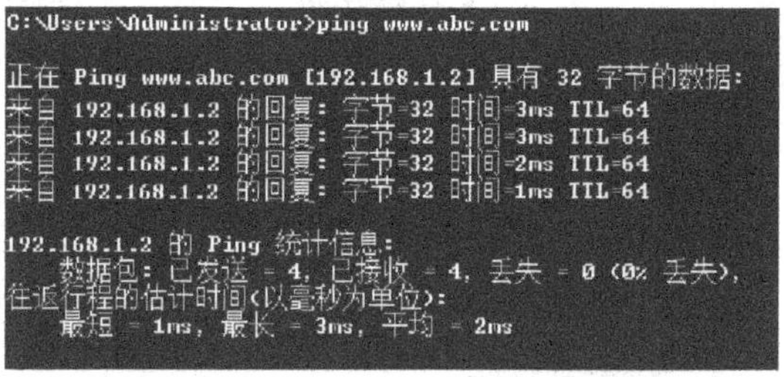

图 11-25　域名 www.abc.com 的测试结果

(3)在该客户机,通过 ping ftp.abc.com 进行 DNS 服务的测试,结果如图 11-26 所示。图中可见域名 ftp.abc.com 已被正确解析为对应的 IP 地址 192.168.1.2。

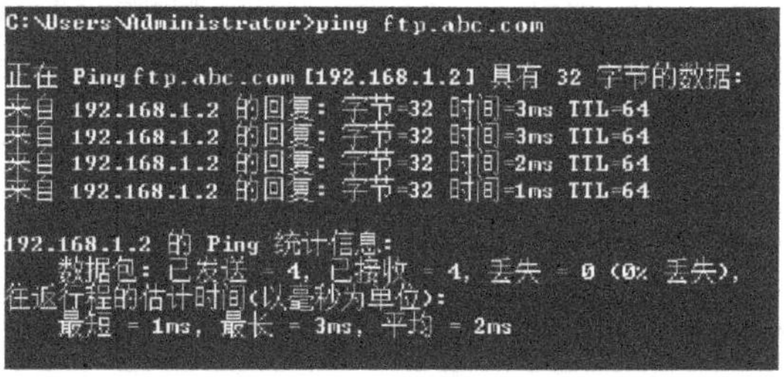

图 11-26　域名 ftp.abc.com 的测试结果

（4）在该客户机，通过 ping shop. abc. com 进行 DNS 服务的测试，结果如图 11 - 27 所示。图中可见域名 shop. abc. com 已被正确解析为对应的 IP 地址 192. 168. 1. 3。

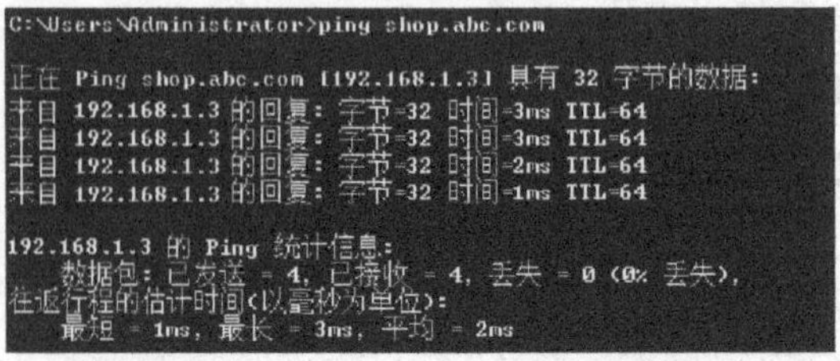

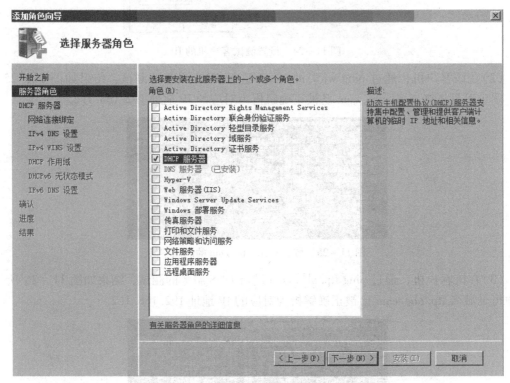

图 11 - 27　域名 shop. abc. com 的测试结果

11.4.2　创建 DHCP 服务器

1. 在服务器上添加 DHCP 服务角色

（1）首先按要求手动设置 DHCP 服务器的 IP 地址为 192. 168. 1. 4。

（2）单击"开始"→"管理工具"→"服务器管理器"命令，在打开的窗口中单击"角色"→"添加角色"按钮，弹出"添加角色向导"对话框，然后选择"DHCP 服务器"复选框，如图 11 - 28 所示，单击"下一步"按钮。

图 11 - 28　"选择服务器角色"对话框

（3）进入"DHCP 服务器"步骤（见图 11 - 29），提示 DHCP 服务器简介和注意事项，单击"下一步"按钮。

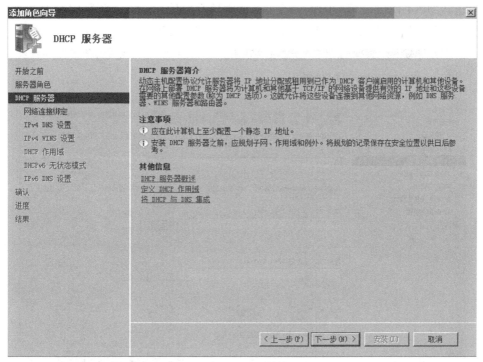

图 11 – 29　"DHCP 服务器"对话框

（4）进入"网络连接绑定"步骤，DHCP 服务器需要绑定一个静态 IP 地址，如图 11 – 30 所示，单击"下一步"按钮。

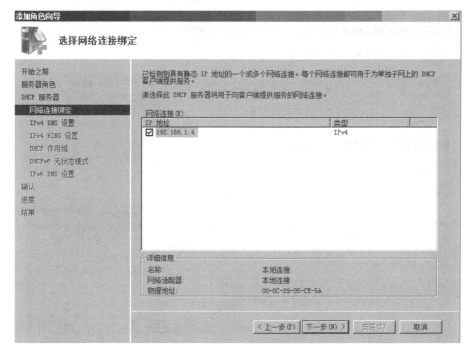

图 11 – 30　"选择网络连接绑定"对话框

（5）进入"IPv4 DNS 设置"步骤，"父域"框中填写"abc. com"，首选 DNS 服务器已默认填入"192. 168. 1. 4"，如图 11 – 31 所示，单击"下一步"按钮。

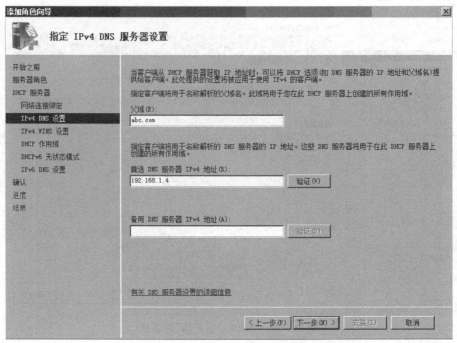

图 11 – 31 "指定 IPv4 DNS 服务器的设置"对话框

（6）进入"IPv4 WINS 设置"步骤，选择"此网络上的应用程序不需要 WINS（W）"，如图 11 – 32 所示，单击"下一步"按钮。

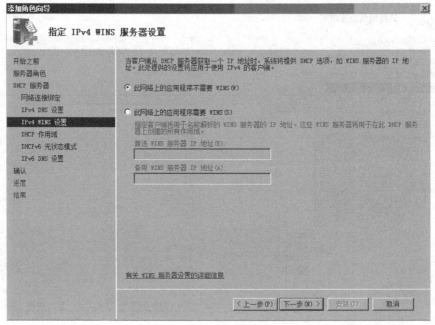

图 11 – 32 "IPv4 WINS 设置"对话框

（7）进入"DHCP 作用域"步骤，单击"添加"按钮，如图 11 - 33 所示。

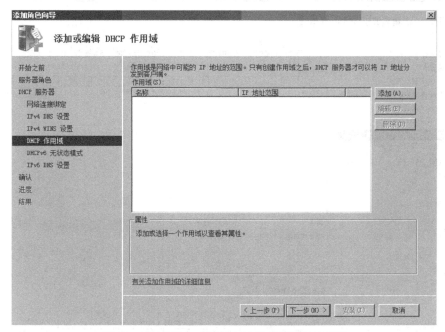

图 11 - 33　"添加或编辑 DHCP 作用域"对话框

（8）弹出"添加作用域"对话框，添加作用域，"作用域名称"为"office"，"起始 IP 地址"为"192.168.1.100"，"结束 IP 地址"为"192.168.1.202"，"默认网关"为"192.168.1.1"，其他保持默认，如图 11 - 34 所示。

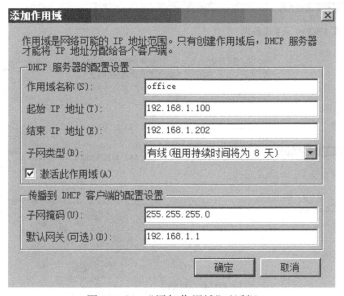

图 11 - 34　"添加作用域"对话框

（9）单击"确定"按钮，返回"DHCP 作用域"步骤，已添加 office 作用域，如图 11 - 35 所示。

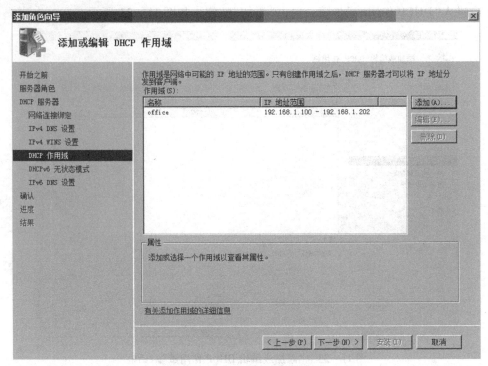

图 11 – 35　成功添加的作用域

　　（10）单击"确定"按钮，进入"DHCPv6 无状态模式"步骤，选择"对此服务器禁用 DHCPv6 无状态模式"，如图 11 – 36 所示。

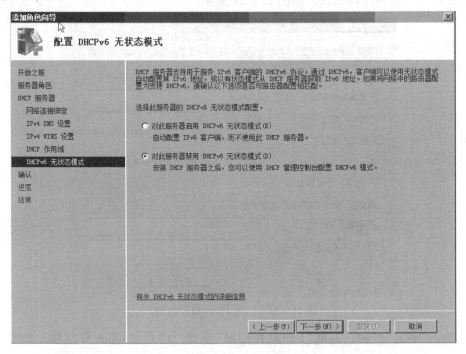

图 11 – 36　"配置 DHCPv6 无状态模式"对话框

（11）单击"下一步"按钮，进入"确认"步骤，确认安装选择，如图 11 - 37 所示，单击"安装"按钮。

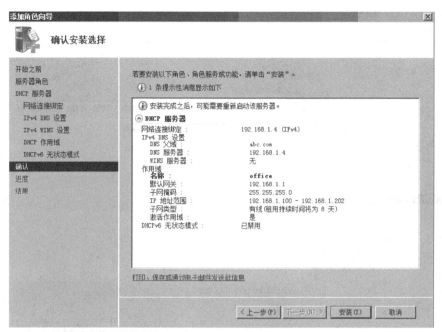

图 11 - 37　"确认安装选择"对话框

（12）进入"安装"步骤，实时显示安装进度条，如图 11 - 38 所示，单击"下一步"按钮。

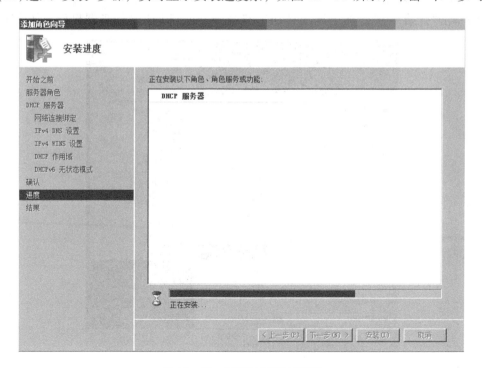

图 11 - 38　"安装进度"对话框

（13）进入"结果"步骤，提示安装成功信息以及一些警告信息，单击"关闭"按钮，安装完成，如图 11-39 所示。

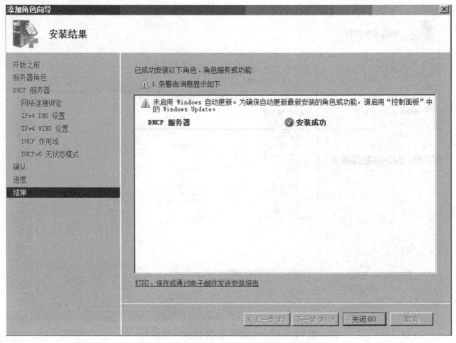

图 11-39　"安装结果"对话框

2. 配置 DHCP 服务器

（1）单击"开始"→"管理工具"→"DHCP"命令，打开 DHCP 管理器界面，如图 11-40 所示。

图 11-40　通过"开始"菜单进入 DHCP 管理器

（2）在 DHCP 管理器界面中，右击控制台树中的"IPv4"→"作用域［192.168.1.0］"→"保留"选项（见图 11 - 41），选择右键菜单中的"新建保留"命令，弹出"新建保留"对话框。

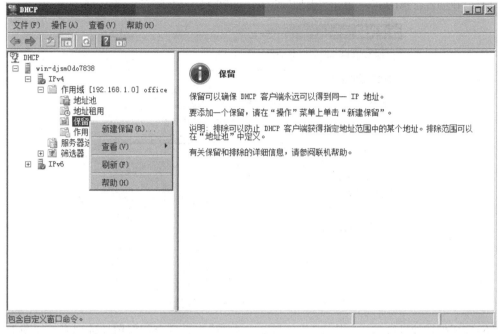

图 11 - 41 右击"保留"选项

（3）在"新建保留"对话框中，建立第 1 台工作站 IP 地址与 MAC 地址的映射，在保留名称框中输入"ws1"，IP 地址框中输入"192.168.1.200"，MAC 地址框中输入第 1 台工作站的 MAC 地址"00105cb13f72"，单击"添加"按钮，如图 11 - 42 所示。

（4）在"新建保留"对话框中，建立第 2 台工作站 IP 地址与 MAC 地址的映射，在保留名称框中输入"ws2"，IP 地址框中填入"192.168.1.201"，MAC 地址框中输入第 1 台工作站的 MAC 地址"001044589aa4"，单击"添加"按钮，如图 11 - 43 所示。

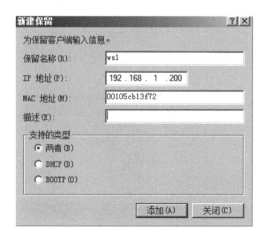

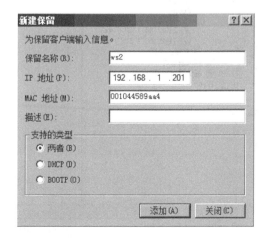

图 11 - 42 为工作站 1 建立保留地址　　　　图 11 - 43 为工作站 2 建立保留地址

（5）在"新建保留"对话框中，建立第 3 台工作站 IP 地址与 MAC 地址的映射，在保留名称框中输入"ws3"，IP 地址框中输入"192.168.1.202"，MAC 地址框填入第 1 台工作站的 MAC 地址"00d06a228b96"，单击"添加"按钮，如图 11－44 所示。

图 11－44　为工作站 3 建立保留地址

（6）完成保留地址添加后，将在"作用域"→"保留"中看到全部保留地址列表，如图 11－45 所示。

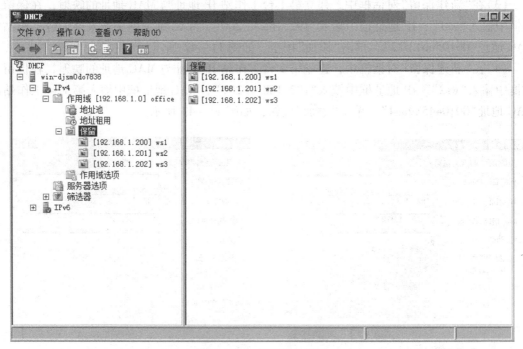

图 11－45　保留地址列表

（7）在 DHCP 管理器界面中，右击"IPv4"→"作用域[192.168.1.0]"→"地址池"选项，选择右键菜单中的"新建排除范围"命令（见图 11 – 46），弹出"添加排除"对话框。

图 11 – 46　"右击地址池"选项

（8）在"添加排除"对话框中，定义不做动态分配的 IP 范围，"起始 IP 地址"框中输入"192.168.1.190"，"结束 IP 地址"框中输入"192.168.1.199"，单击"添加"按钮，如图 11 – 47 所示。

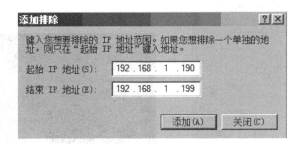

图 11 – 47　"添加排除"对话框

（9）完成排除范围添加后，将在"作用域"→"地址池"中看地址分发范围、分发中不包括的 IP 地址，如图 11 – 48 所示。

3. 测试 DHCP 服务

（1）选择一台客户机，设置该机器自动获取 IP 地址、自动获取 DNS 服务器，如图 11 – 49 所示。

（2）在该客户机，通过 ipconfig 命令进行 DHCP 服务的测试，结果如图 11 – 50 所示。图中可见客户机获得 IP 地址为 192.168.1.100，DHCP 服务已正常运转。

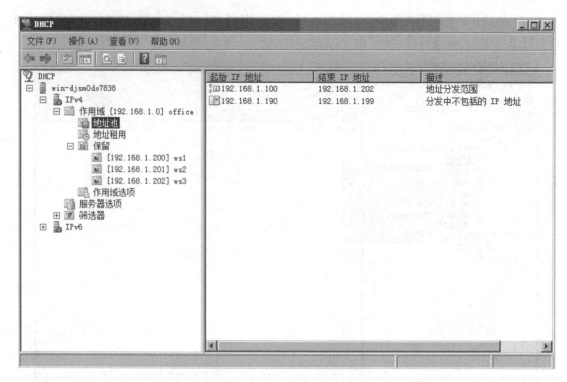

图 11 -48   地址池 IP 范围列表

图 11 -49   DHCP 测试客户机的 IP 配置

图 11 -50   DHCP 测试客户机获取 IP 结果

11.4.3   创建 Web 站点

1. 在服务器上添加 Web 服务角色

(1) 首先按要求手动设置 Web 服务器的 IP 地址为 192.168.1.2，子网掩码为 255.255.255.0，网关为 192.168.1.1。

(2) 打开"服务器管理器"窗口，单击"角色"→"添加角色"按钮，启动添加角色向导，然后选择安装 Web 服务器角色，如图 11 -51 所示，单击"下一步"按钮。

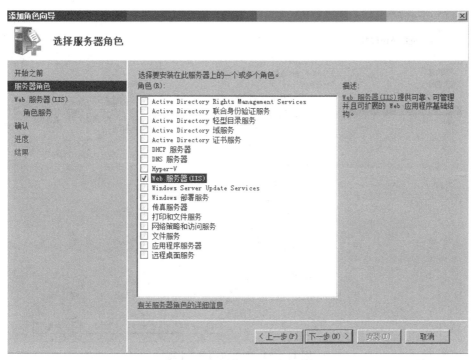

图 11－51　"服务器角色"步骤

（3）进入"Web 服务器(IIS)"步骤，提示 Web 服务器(IIS)简介和注意事项，单击"下一步"按钮，如图 11－52 所示。

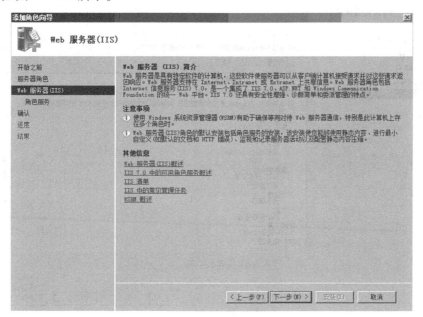

图 11－52　"Web 服务器(IIS)"步骤

（4）进入"Web 服务器(IIS)"→"角色服务"步骤，除了默认的角色服务项目外，选择"FTP 服务器"项目及其下的两个子项目，单击"下一步"按钮，如图 11－53 所示。

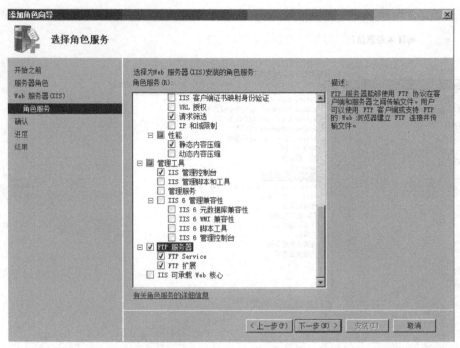

图 11 – 53 "角色服务"步骤

（5）进入"确认"步骤，确认安装选择，单击"安装"按钮，如图 11 – 54 所示。

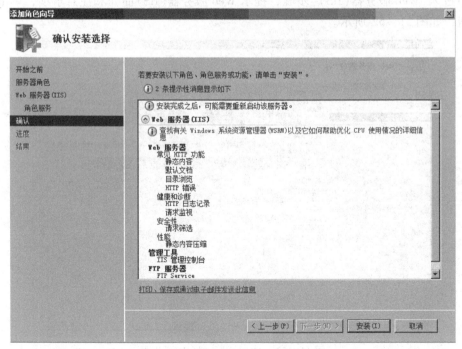

图 11 – 54 "确认"步骤

（6）进入"进度"步骤，实时显示安装进度条，如图 11 – 55 所示，单击"安装"按钮。

图 11 - 55 "进度"步骤

(7)进入"结果"步骤，提示安装成功信息以及一些警告信息，单击"关闭"按钮，安装完成，如图 11 - 56 所示。

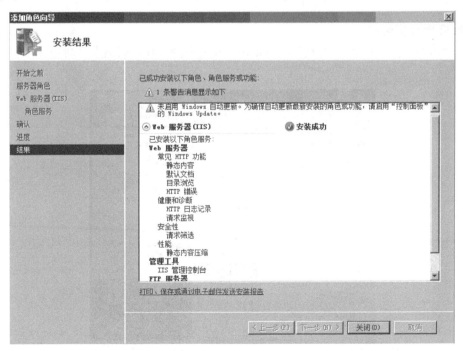

图 11 - 56 "结果"步骤

（8）创建文件夹 D:\site 作为网站文件夹，用 notepad 创建一个简单的网页文件 index. html 保存到 D:\site 文件夹中，网页文件 index. html 内容及保存过程如图 11 –57 所示。

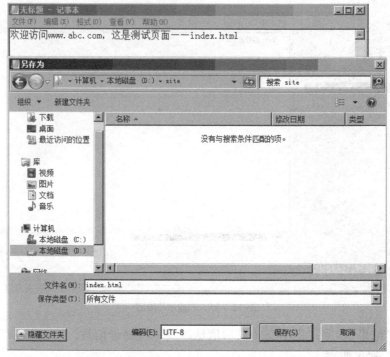

图 11 –57　创建网页文件 index. html

2. 配置 Web 服务器

（1）单击"开始"→"管理工具"→"Internet 信息服务（IIS）管理器"命令，如图 11 –58 所示。

图 11 –58　单击"Internet 信息服务（IIS）管理器"命令

（2）打开"Internet 信息服务（IIS）管理器"窗口中，右击"网站"，选择右键菜单中的"添加网站"命令，将弹出添加网站窗口，如图 11 - 59 所示。

图 11 - 59 选择"添加网站"命令

（3）弹出"添加网站"对话框，建立一个新网站，网站名称为"www. abc. com"，物理路径为"D：\site"，类型为"http"，IP 地址为"192. 168. 1. 2"，端口为"80"，并选择"立即启动网站"复选框，单击"确定"按钮，如图 11 - 60 所示。

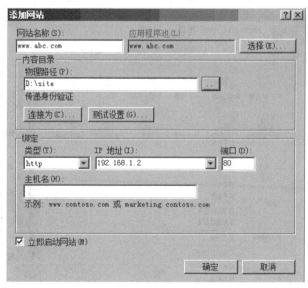

图 11 - 60 "添加网站"对话框

（4）完成网站添加后，将在"网站"中看到全部网站列表，如图 11 - 61 所示。

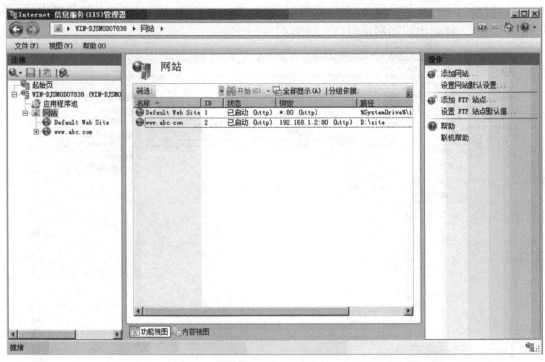

图 11 – 61　网站列表

（5）选择网站"www. abc. com"，右击功能窗口中的【默认文档】，选择右键菜单中的"打开功能"命令，可以设置默认文档，如图 11 – 62 所示。

图 11 – 62　选择"打开功能"命令

（6）在打开的窗口中，选择名称"index. html"，单击右端操作区域的"上移"按钮，使文件"index. html"置顶，如图 11 – 63 所示。

图 11 – 63 设置默认文档的优先级顺序

3. 测试 Web 服务

选择一台客户机，确认该机器 IP 地址配置正确，然后在该客户机中用浏览器访问网站"http：//192. 168. 1. 2"，结果如图 11 – 64 所示，Web 服务已正常运转。

图 11 – 64 通过客户机浏览器测试 Web 服务

11. 4. 4 创建 FTP 站点

在上述安装 IIS 服务器过程中，IIS 服务器已具备 FTP 服务器功能，可以直接在 IIS 服务器中创建 FTP 站点，但此前应该在服务器中创建专门的 FTP 用户账号供 FTP 客户端用户使用。

1. 创建 FTP 用户账号 abc

（1）在"服务器管理器"窗口中，展开"配置"→"本地用户和组"，右击"用户"，在弹出的菜单中选择"新用户"命令，如图 11 – 65 所示。

图 11 - 65　选择"新用户"命令

（2）弹出"新用户"对话框，输入用户名为"abc"，密码为"Test - 1234"，注意密码须符合 Windows Server 2008 强密码规则，选择"用户不能更改密码"和"密码永不过期"，单击"创建"按钮，如图 11 - 66 所示，至此，新用户 abc 创建完成。

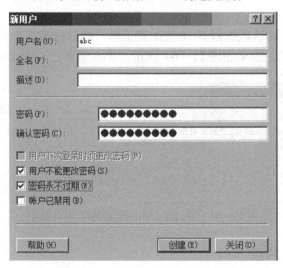

图 11 - 66　"新用户"对话框

2. 创建 FTP 站点文件夹

创建文件夹 D：\ftp、D：\ftp\abc、D：\ftp\pub，给 D：\FTP 配置权限，使得 Everyone 具备完全控制权限，如图 11 - 67 所示。

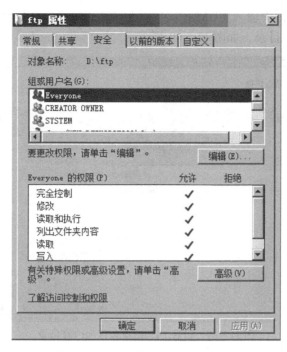

图 11 – 67　FTP 站点文件夹权限设置

3. 创建 FTP 站点

（1）在 IIS 管理器窗口中，右击计算机名，在弹出的右键菜单中选择"添加 FTP 站点"命令，如图 11 – 68 所示。

图 11 – 68　选择"添加 FTP 站点"命令

（2）在弹出的对话框中输入 FTP 站点名称"ftp. abc. com"，选择物理路径"D：\ftp"，该路径将是 FTP 站点的根目录，如图 11 -69 所示。

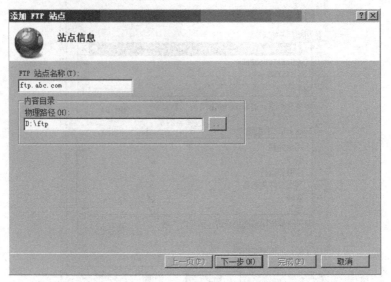

图 11 -69　设置 FTP 站点名称和内容目录

（3）在绑定和 SSL 设置窗口中，选择 IP 地址为"192. 168. 1. 2"，端口为"2021"（默认端口 21 容易受攻击），选择"自动启动 FTP 站点"复选框，SSL 选项设置为"无"，单击"下一步"按钮，如图 11 -70 所示。

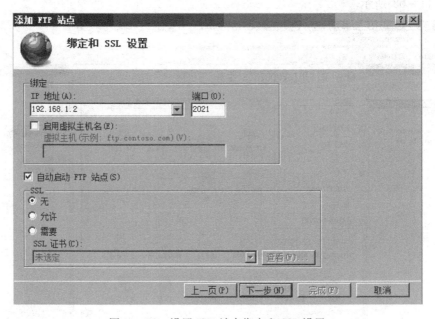

图 11 -70　设置 FTP 站点绑定和 SSL 设置

（4）在"身份验证和授权信息"对话框中，选择身份验证为"基本"，允许访问选择为"全部用户"，选择"读取"和"写入"权限，单击"完成"按钮，如图 11 -71 所示。

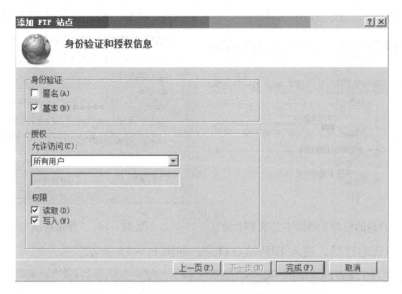

图 11-71　设置 FTP 站点身份验证和授权信息

（5）添加完成的 FTP 站点在 IIS 管理器中可看到，如图 11-72 所示。

图 11-72　IIS 管理器中 FTP 站点的功能视图

4. 测试 FTP 站点

（1）选择某台客户机，确认该客户及 IP 配置正确，然后在该客户机的资源管理器地址栏中输入"ftp：192.168.1.2：2021"（见图 11-73），按【Enter】键，弹出"登录"身份对话框。

（2）输入用户名"abc"，密码"Test－1234"，单击"登录"按钮，如图 11－74 所示。

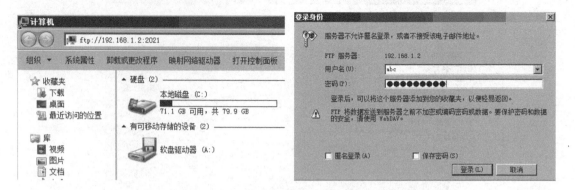

图 11－73　在客户机的资源管理器中登录 FTP 站点　　　　图 11－74　"登录身份"对话框

（3）身份验证通过后，进入 FTP 站点目录，如图 11－75 所示。

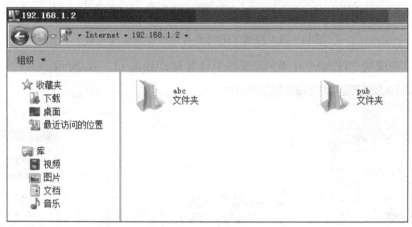

图 11－75　登录 FTP 站点

（4）复制一个本地文件，如"testftp. txt"到 FTP 站点文件 abc 中，如图 11－76 所示，文件复制成功，FTP 服务已正常运转。

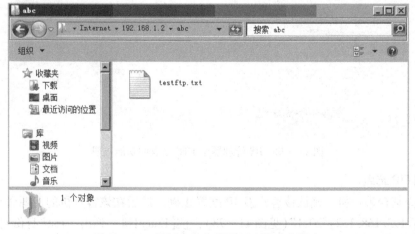

图 11－76　复制本地文件到 FTP 站点文件夹

11.5 【项目实训】IIS 架设多个网站

由于各种原因，管理员有时需要在一台 Windows Server 2008 上架设多个 Web 站点，在 IIS7 中，可以通过简单的设置完成这个任务。

某集团公司的内部网有一台 Windows Server 2008 服务器，内部网采用的网段是 192.168.1.0/24，服务器的 IP 地址是 192.168.1.210，名称是 webserver。该集团公司有 A，B 两个子公司，现要求网络管理员在这台服务器上使用一个 IP 为集团公司和两个子公司各建一个网站，也就是建立 3 个网站。

11.5.1 TCP 端口法

在 IIS 中，每个 Web 站点都具有唯一的、由 3 个部分组成的标识，用来接收和响应请求，即 IP 地址、端口号、主机头名。

在 IIS 中，在一个 IP 地址上建立多个独立的 Web 站点，可以用不同的 TCP 端口区分同一个 IP 的多个独立站点。

通过使用附加端口号，站点只需一个 IP 地址即可维护多个站点。客户要访问站点时，需在静态 IP 地址后面附加端口号(使用默认端口 80 的 Web 站点除外)。

操作过程如下：

(1)在该服务器上建立 3 个 Web 站点主目录。

集团公司网站主目录：D:\Web\Com

A 公司网站主目录：D:\Web\A

B 公司网站主目录：D:\Web\B

(2)添加第一个站点，集团公司站点名称为 Com，物理路径为 D:\Web\Com，端口为默认的 80，设置如图 11-77 所示。

(3)添加第二个站点，A 公司站点名称为 A，物理路径为 D:\Web\A，端口为的 8001，设置如图 11-78 所示。

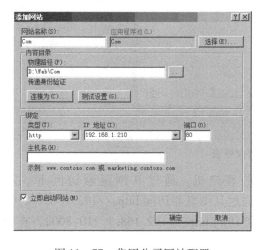

图 11-77 集团公司网站配置   图 11-78 A 公司网站配置

（4）添加第三个站点，B 公司站点名称为 B，物理路径为 D：\Web\B，端口为的 8002，设置如图 11 - 79 所示。

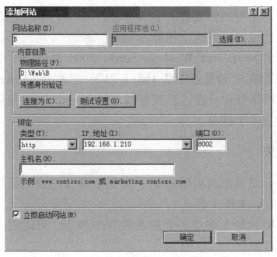

图 11 - 79　B 公司网站配置

（5）添加完成 3 个站点后，网站列表如图 11 - 80 所示。分别在 3 个站点的主目录内创建 index. html 文件，内容简单且稍为不同，能区分 Com、A、B 3 个站点内容即可。

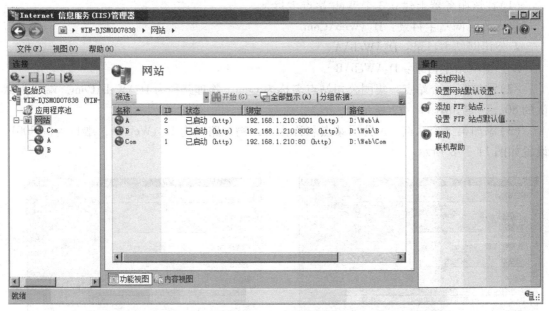

图 11 - 80　3 个站点列表

（6）测试。使用网络内一台 IP 配置正确的客户机，通过其浏览器访问 http://192. 168. 1. 210，查看访问集团公司站点的结果；通过其浏览器访问 http://192. 168. 1. 210：8001，查看访问 A 公司站点的结果；通过其浏览器访问 http://192. 168. 1. 210：8002，查看访问 B 公司站点的结果。

11.5.2 主机头法

在 IIS 中，在一个 IP 地址上建立多个独立的 Web 站点，可以用不同的主机头区分同一 IP 的多个独立站点。

通过使用主机头，站点只需一个 IP 地址即可维护多个站点。客户可以使用不同的域名访问各自的站点，但不会感觉到这些站点是在同一主机上。

操作过程如下：

（1）给每个站点申请一个域名。A 公司网站域名为 www. a. com，主目录为 D:\Web\A；B 公司网站域名为 www. b. com，主目录为 D:\Web\B；集团公司网站域名为 www. c. com，主目录为 D:\Web\com。

（2）添加第一个站点，A 公司站点名称为 A，物理路径为 D:\Web\A，端口为默认的 80，主机名为 www. a. com，设置如图 11 - 81 所示。

（3）添加第二个站点，B 公司站点名称为 B，物理路径为 D:\Web\B，端口为默认的 80，主机名为 www. b. com，设置如图 11 - 82 所示。

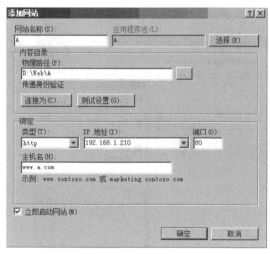

图 11 - 81　A 公司网站并
配置主机名 www. a. com

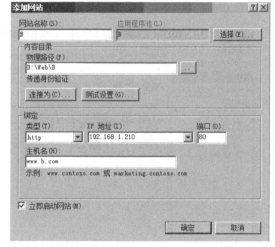

图 11 - 82　B 公司网站
配置主机名 www. b. com

（4）添加第三个站点，集团公司站点名称为 Com，物理路径为 D:\Web\Com，端口为默认的 80，主机名为 www. c. com，设置如图 11 - 83 所示。

（5）添加完成三个站点后，网站列表如图 11 - 84 所示。

（6）测试。

使用网络内一台 IP 配置正确的客户机，通过其浏览器访问 http://www. c. com，查看访问集团公司站点的结果；通过其浏览器访问 http://www. a. com，查看访问 A 公司站点的结果；通过其浏览器访问 http://www. b. com，查看访问 B 公司站点的结果。

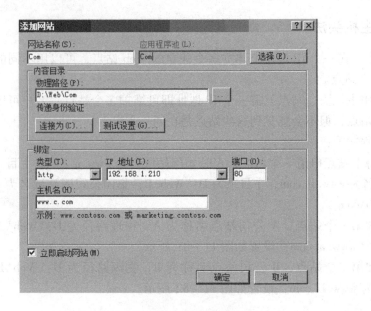

图 11 – 83　集团公司网站配置主机名 www. c. com

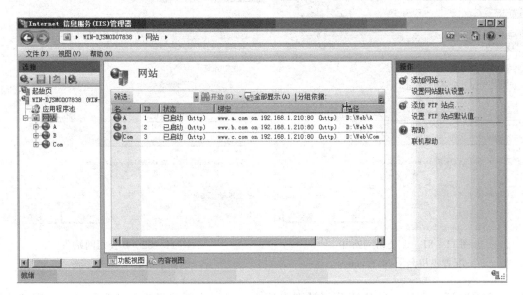

图 11 – 84　配置了主机名的 3 个站点列表

项 目 小 结

现代企业都离不开信息服务的支持，企业内部的网络服务最为常见的有 Web 服务、FTP 服务、email 服务，为了企业内部网络更便于管理，很多企业还会架设 DNS 服务、DHCP 服务，通过 DNS 服务为内部网络提供域名解析服务，通过 DHCP 服务可以集中为整个内部网指定通用和特定子网的 TCP/IP 参数，避免了在每台计算机上手工输入数值引起的配置错误，网络配置更安全可信和高效。作为网络管理员，需要熟悉这些常用的网络服务的配置，掌握这些常见服务的工作过程，便于排除网络故障和做好网络安全防护工作。

习　题

一、选择题

1. 在安装 DHCP 服务器之前，须保证这台计算机配置有(　　)。

A. 远程访问服务器的 IP 地址　　　　　　　　B. DNS 服务器的 IP 地址

C. 静态的 IP 地址　　　　　　　　　　　　　D. WINS 服务器的 IP 地址

2. 若父域的名字是 abc.com，子域的名字是 ky，那么子域的 DNS 全名是(　　)。

A. abc.com　　　　　B. ky.com　　　　　C. ky.abc　　　　　D. ky.abc.com

3. 负责 IP 地址与域名之间转换的是(　　)。

A. UNIX 系统　　　　B. FTP 系统　　　　C. Windows NT 系统　　　D. DNS 域名系统

4. 在 IE 浏览器中输入 IP 地址 202.196.1.1 并按【Enter】键，可以浏览到某网站，但是当输入该网站的域名地址 www.abc.com 时却发现无法访问，可能的原因是(　　)。

A. 本机的 IP 设置有问题　　　　　　　　　　B. 该网络在物理层有问题

C. 本网段交换机的设置有问题　　　　　　　　D. 该网络未能提供域名解析服务

5. 因特网中计算机域名的最高域名表示地区或组织性质，以下(　　)代表政府机关。

A. edu　　　　　　　B. cn　　　　　　　　C. gov　　　　　　　D. com

6. 在一个主机域名 http://www.pku.edu.cn 中，(　　)表示主机名。

A. www　　　　　　　B. pku　　　　　　　C. edu　　　　　　　D. cn

7. 若要创建一个作用域，网段为 192.168.1.100 ~ 192.168.1.200，那么网关可以是(　　)。

A. 192.168.0.1　　　B. 192.168.0.254　　C. 192.168.1.0　　　D. 192.168.1.1

8. 某客户机被配置为自动获取 TCP/IP 配置，并且，当前正使用 169.254.0.0 作为 IP 地址，子网掩码为 255.255.0.0。默认网关的 IP 地址没有提供。客户机是在缺少 DHCP 服务器的情况下生成这个 IP 地址的。当网络上的 DHCP 服务器可用时(　　)。

A. 该客户将会从 DHCP 服务器处取得 TCP/IP 配置

B. 该客户将会从 DHCP 服务器处取得默认网关的 IP

C. 当前地址将会被添加到该网段的 DHCP 作用域

D. 当前 IP 地址将被作为客户保留添加到 DHCP 作用域

9. 某大型网络上管理 20 台服务器和近 1 000 台客户机。其中一些服务器正在使用手动指定的 IP 地址。现在希望这些服务器能从 DHCP 服务器获取其 IP 设置，但是不能改变它们已有的 IP 地址。那么，下列(　　)方法能够完成此要求。

A. 为所有服务器定义更长的租用期　　　　　　B. 为这些服务器创建独立的作用域

C. 为这些服务器添加客户保留　　　　　　　　D. 从 DHCP 作用域中排除这些 IP 地址

10. DHCP 服务器分配 IP 地址的最大租期是(　　)时间。

A. 8 天　　　　　　　B. 64 天　　　　　　C. 128 天　　　　　D. 无限

11. 如果客户机同时得到多台 DHCP 服务器的 IP 地址，客户机将(　　)。

A. 随机选择　　　　　　　　　　　　　　　　B. 选择最先得到的

C. 选择网络号较小的　　　　　　　　　　　　D. 选择网络号较大的

12. 以下(　　)不属于 DHCP 服务器的好处。

A. 合理分配 IP 地址资源　　　　　　　　B. 减少管理员工作量

C. 减少分配 IP 地址出错可能　　　　　　D. 提高名称解析速度

二、填空题

1. Internet 上的顶级域名有两种：机构域和_____。

2. 域名系统采用类似_____的等级结构。

3. DHCP 服务器的主要功能是：动态分配_____。

4. FTP 服务的默认端口号是_____，Web 服务的默认端口号是_____。

5. DHCP 客户端和服务器端通信采用 UDP 协议，客户端通过_____端口向网络上发出一个 DHCP discover 数据包，服务器端通过_____端口响应给客户端一个 DHCP OFFER 数据包。

三、简答题

请简述 DHCP 的工作过程。

附录 习题参考答案

项 目 1

一、选择题

1. B 2. B 3. C 4. B 5. C 6. C 7. B 8. C 9. B 10. C

二、填空题

1. 网络硬件 网络软件 2. TCP/IP 3. 局域网 城域网 广域网 4. 网络地址 主机地址

三、简答题

子网掩码只有一个作用，就是将某个 IP 地址划分成网络号和主机号两部分。

项 目 2

一、选择题

1. A 2. B 3. B 4. B 5. A 6. C 7. B 8. D 9. A 10. B

二、填空题

1. 星状拓扑结构   2. 中心结点   3. 存储转发   4. 地址学习

三、简答题

星状拓扑结构的优点：

① 控制简单。任何一站点只和中央结点相连接，因而介质访问控制方法简单，致使访问协议也十分简单。易于网络监控和管理。

② 故障诊断和隔离容易。中央结点对连接线路可以逐一隔离进行故障检测和定位，单个连接点的故障只影响一个设备，不会影响全网。

③ 方便服务。中央结点可以方便地对各个站点提供服务和网络重新配置。

星形拓扑结构的缺点：

① 需要耗费大量的电缆，安装、维护的工作量也骤增。

② 中央结点负担重，容易形成"瓶颈"，一旦发生故障，则全网受影响。

③ 各站点的分布处理能力较低。

项 目 3

一、选择题

1. B 2. C 3. A 4. D 5. A

二、填空题

1. CSMA/CA 2. 信号强度 3. 600 Mbit/s

三、简答题

无线局域网的不足之处体现在以下几个方面：

①性能。无线局域网是依靠无线电波进行传输的。这些电波通过无线发射装置进行发射，而建筑物、车辆、树木和其他障碍物都可能阻碍电磁波的传输，所以会影响网络的性能。

②速率。无线信道的传输速率与有线信道相比要低得多，只适合个人终端和小规模网络应用。

③安全性。本质上无线电波不要求建立物理的连接通道，无线信号是发散的。从理论上讲，很容易监听到无线电波广播范围内的任何信号，造成通信信息泄漏。

项 目 4

一、选择题

1. B　2. C　3. C　4. A　5. D　6. A　7. A　8. B　9. D　10. D　11. C　12. B

二、填空题

1. 面向连接　2. 流量控制　3. 无连接的　4. ARP

三、简答题

简答题1：

基于 TCP 协议传输数据之前，为确认连接正常，会通过三次握手来建立虚连接，连接建立完成后才能进行数据的传输。三次握手的过程如下：首先由发起端发送连接请求；当接受方收到连接请求后，如果同意建立连接会回复应答报文；然后发送方收到此应答报文，会发送对此应答报文的确认信息。通过这种三次握手的过程来在数据发送的初期建立连接，保障数据的正常传输。子网掩码只有一个作用，就是将某个 IP 地址划分成网络号和主机号两部分。

简答题2：

首先，在每台安装有 TCP/IP 协议的计算机中都有一个 ARP 缓存表，表里的 IP 地址与 MAC 地址是一一对应的。

当源主机需要将一个数据包发送到目标主机时，会首先检查自己 ARP 列表中是否存在该 IP 地址对应的 MAC 地址，如果有，就直接将数据包发送到这个 MAC 地址；如果没有，就向本地网段发起一个 ARP 请求的广播包（ARP request），目标 MAC 地址是 "FF. FF. FF. FF. FF. FF"，查询此目标主机对应的 MAC 地址。此 ARP 请求数据包中包括源主机的 IP 地址、硬件地址以及目标主机的 IP 地址。网络中所有的主机收到这个 ARP 请求后，会检查数据包中的目的 IP 是否和自己的 IP 地址一致。如果不相同就忽略此数据包；如果相同，该主机首先将发送端的 MAC 地址和 IP 地址添加到自己的 ARP 列表中，如果 ARP 表中已经存在该 IP 的信息，则将其覆盖，然后给源主机发送一个 ARP 响应数据包，告诉对方自己是它需要查找的 MAC 地址；源主机收到这个 ARP 响应数据包后，将得到的目标主机的 IP 地址和 MAC 地址添加到自己的 ARP 列表中，并利用此信息开始数据的传输。如果源主机一直没有收到 ARP 响应数据包，表示 ARP 查询失败。

简答题3：

执行 ping 命令不成功，可以依据常见的三种出错信息来分析原因。

①unknown host：未知名主机，该远程主机的名字不能被域名服务器 DNS 转换成 IP 地

址，故障原因可能是域名服务器有故障，或者目标主机的名字不正确，或者网络管理员的系统与远程主机之间的通信线路有故障。

②Destination Host Unreachable：此错误信息表明执行命令的计算机未能将信息发送到目标主机那里。大多数情况是自己一方的计算机 LAN 连接线掉线，或者由于 IP 设置不对，而无法进行正常通信。

③Request time out：表示在规定时间内因某种原因没有返回 ping 命令的应答，这种情况很可能是对方的计算机没有运行，或者中间线路不通致使信息没有到达对方那里。大多数情况下是企业防火墙等阻挡了 ping 命令中使用的 ICMP 信息。在这种情况下即便通信对象正在工作，也会有这种结果显示。

项 目 5

一、选择题

1. C 2. D 3. A 4. A 5. B 6. B 7. A 8. B 9. A 10. C

二、填空题

1. 数条物理链路 2. 用户 enable 3. 生成树 4. 400 Mbit/s

三、简答题

在 Cisco 交换机中，其工作模式有以下四种：

用户模式：登录到交换机时就会自动进入该模式，这时通常只能够查看，对 IOS 的运作不会产生任何影响，可直接通过命令进入特权模式。

特权模式：它可以完成任何事情，包括检查配置文件、重新启动交换机等，它的命令集是用户模式下的超集。

全局配置模式：在该模式下我们做出的改动会影响 IOS 的全局运作。要在特权模式下输入 config terminal 命令才能进入该模式。

配置模式：用于对单独的组件进行配置。要在全局配置模式下输入"特定配置命令"（如 interface）时才能进入该模式。

项 目 6

一、选择题

1. D 2. C 3. C 4. C 5. D 6. A 7. C 8. B 9. A 10. C 11. B 12. 13. A 14. D 15. D 16. B 17. D 18. C 19. D 20. B

二、填空题

1. 主机部分 2. 简化网络管理 3. Trunk（干道） 4. 按照端口来划分

5. ① vlan database ② vlan 10 name V10 ③ esxit ④ trunk ⑤ trunk allowed vlan all ⑥ access ⑦ access vlan 10

三、分析题

答：

进行划分的网段为 192.168.2.0/24，其 IP 范围为 192.168.2.0 ~ 192.168.2.255。划分后：

A 部门，IP 范围：192.168.2.0 ~ 192.168.2.63，子网掩码：255.255.255.192。其中 192.168.2.0 为网络地址，192.168.2.63 为广播地址，这两个不可以用做主机地址。

B 部门，IP 范围：192.168.2.64 ～ 192.168.2.95，子网掩码：255.255.255.224。其中 192.168.2.64 为网络地址，192.168.2.95 为广播地址，这两个不可用作主机地址。

C 部门，IP 范围：192.168.2.96 ～ 192.168.2.127，子网掩码：255.255.255.224。其中 192.168.2.96 为网络地址，192.168.2.127 为广播地址，这两个不可用作主机地址。

D 部门，IP 范围：192.168.2.128 ～ 192.168.2.159，子网掩码：255.255.255.224。其中 192.168.2.128 为网络地址，192.168.2.159 为广播地址，这两个不可用作主机地址。

E 部门，IP 范围：192.168.2.160 ～ 192.168.2.191，子网掩码：255.255.255.224。其中 192.168.2.160 为网络地址，192.168.2.191 为广播地址，这两个不可用作主机地址。

项　目　7

一、选择题

1. C　2. C　3. B　4. C　5. B　6. D　7. D　8. C　9. C　10. D　11. C　12. B

二、填空题

1. 静态路由　2. 距离向量算法　3. 默认路由　4. 问候信息分组

三、简答题

答：RIP 虽然简单易行，并且久经考验，但是也存在着一些很重要的缺陷，主要有以下几点：

①过于简单，以跳数为依据计算度量值，经常得出非最优路由。

②度量值以 16 为限，不适合大的网络。

③安全性差，接受来自任何设备的路由更新。

④不支持无类 IP 地址和 VLSM(Variable Length Subnet Mask，变长子网掩码)。

⑤收敛缓慢，时间经常大于 5 分钟。

⑥消耗带宽很大。

项　目　8

一、选择题

1. C　2. C　3. C　4. A　5. C　6. B

二、填空题

1. 铜线　频分复用　　2. 分离器　ADSL Modem　　3. QAM　DMT　CAP

三、简答题

HDSL：上下行速率对称、1.5/2 Mbit/s，两对线(HDSL2 支持 1 对线)，与话带重叠，不可与话音业务同时进行 。

ADSL：不对称，上行 640 kbit/s，下行最高 6～8 Mbit/s。一对线，工作频带高于话带，可同时支持话音业务 。

VDSL：不对称，上行最高 6.4 Mbit/s，下行最高 52 Mbit/s；对称上下行最高 26 Mbit/s。一对线，工作频带高于话带，可同时支持话音业务。

项　目　9

一、选择题

1. B　　2. C　　3. A　　4. B　　5. C　　6. D　　7. C　　8. D　　9. A　　10. C

11. D　12. D　13. B　14. B　15. B　16. B　17. D　18. B　19. B　20. D

二、填空题

1. 包过滤　　2. 被阻塞　　3. 源地址　　4. 通配符掩码

三、简答题

简答题1：

访问控制列表（Access Control List，ACL）是用于控制和过滤通过路由器的不同接口去往不同方向的信息流的一种机制，这种机制允许用户使用访问控制列表来管理信息流，以制定内部网络的相关策略。

简答题2：

①数据包过滤。

②限制网络流量。

③提高网络性能。

④提高网络安全。

简答题3：

首先根据用户需求定义一组用于控制和过滤数据包的访问控制列表。然后再将其应用在路由器的不同接口的不同方向上。

如果指定接口（该接口已应用指定的访问控制列表）指定方向（该方向上已应用指定的访问控制列表）上有数据包通过时，路由器将根据设定的访问控制列表的规则（逐条进行匹配，如果规则中上一条语句匹配，则下面所有的语句将被忽略）对数据包进行过滤，从而确定哪些数据包可以接收，哪些数据包需要拒绝。

简答题4：

基本访问控制列表只检查源IP，扩展访问控制列表可以检查五元组：源IP、目的IP、源端口、目的端口、协议。

标准访问控制列表使用的ACL号为1～99；扩展访问控制列表使用的ACL号为100～199。

简答题5：

命名ACL允许在标准ACL和扩展ACL中使用一个字母数字组合的字符串来替代前面所使用的数字来表示ACL表号。

在没有使用命名ACL表示的"标准IP访问控制列表"和"扩展IP访问控制列表"中，如果输入的语句出现错误，用户不能方便地进行修改，而必须先将整个ACL列表删除后，再重新创建。而在使用命名ACL表示的"标准IP访问控制列表"和"扩展IP访问控制列表"中，用户可以方便地对ACL语句进行修改 。

项　目　10

一、选择题

1. C　2. D　3. C　4. C　5. B　6. C　7. B　8. B　9. B　10. A

二、填空题

1. 端口多路复用　2. 源IP地址或目的IP地址　3. 端口转发

三、实验题

路由器 R2 的配置如下：

Router > enable

Router#configure terminal

Router(config)#interface FastEthernet0/0

Router(config – if)#ip address 192. 168. 1. 254 255. 255. 255. 0

Router(config – if)#no shutdown

Router(config – if)#exit

Router(config)#interface FastEthernet0/1

Router(config – if)#ip address 210. 28. 1. 1 255. 255. 255. 0

Router(config – if)#no shutdown

Router(config – if)#exit

Router(config)#ip route 0. 0. 0. 0 0. 0. 0. 0 210. 28. 1. 2

Router(config)#exit

路由器 R1 的配置如下：

Router > en

Router#conf t

Router(config)#int f0/0

Router(config – if)#ip address 172. 16. 1. 254 255. 255. 255. 0

Router(config – if)#no shutdown

Router(config – if)#exit

Router(config)#int f0/1

Router(config – if)#ip address 210. 28. 1. 2 255. 255. 255. 0

Router(config – if)#no shutdown

Router(config – if)#exit

Router(config)#ip route 0. 0. 0. 0 0. 0. 0. 0 210. 28. 1. 1

Router(config)#int f0/0

Router(config – if)#ip nat inside

Router(config – if)#exit

Router(config)#int f0/1

Router(config – if)#ip nat outside

Router(config – if)#exit

Router(config)#ip nat inside source static 172. 16. 1. 251 210. 28. 1. 3

Router(config)#ip nat inside source static 172. 16. 1. 252 210. 28. 1. 4

Router(config)#access – list 1 permit172. 16. 1. 0 0. 0. 0. 255

Router(config)#ip nat inside source list 1 int f0/1 overload

Router(config)#exit

项 目 11

一、选择题

1. C　2. D　3. D　4. D　5. C　6. A　7. D　8. A　9. C　10. D　11. B　12. D

二、填空题

1. 地理域　2. 目录树　3. IP 地址　4. 21　80　5. UDP 67　UDP 68

三、简答题

DHCP 的工作过程如下：

①DHCP 客户向 DHCP 服务发出请求，要求租借一个 IP 地址。但由于此时 DHCP 客户上 TCP/IP 还没有初始化，它还没有一个 IP 地址，因此只能使用广播手段向网上所有的 DHCP 服务器发出请求。

②网上所有接收到该请求的 DHCP 服务器，首先检查自己的地址池中是否还有空余的 IP 地址，如果有的话将向该客户发送一个可提供 IP 地址(offer)的信息。

③DHCP 客户一旦接收到来自某一个 DHCP 服务器的(offer)信息时，它就向网上所有的 DHCP 服务器发送广播，表示已经选择了一个 IP 地址。

④被选中的 DHCP 服务器向 DHCP 客户发送一个确认信息，而其他的 DHCP 服务器则收回它们的(offer)信息。

参考文献

[1]　施吉鸣. 中小企业网络运营与维护教程[M]. 北京：中国人民大学出版社，2012.

[2]　杨云，杨欣斌. 计算机网络技术与实训[M]. 3版. 北京：中国铁道出版社，2014.

[3]　吴小峰，周军. 网络管理与维护案例教程[M]. 北京：中国铁道出版社，2016.

[4]　郭秋萍. 计算机网络技术实验教程[M]. 北京：清华大学出版社，2009.